建筑施工特种作业人员培训教材

特种作业安全生产基本知识

（第二版）

阚咏梅　主编

U0299654

中国建筑工业出版社

图书在版编目（CIP）数据

特种作业安全生产基本知识/阚咏梅主编. —2版
. —北京：中国建筑工业出版社，2022.12
建筑施工特种作业人员培训教材
ISBN 978-7-112-28178-7

Ⅰ.①特… Ⅱ.①阚… Ⅲ.①建筑工程-安全生产-
技术培训-教材 Ⅳ.①TU714

中国版本图书馆 CIP 数据核字（2022）第 219530 号

　　本书内容包括特种作业安全知识概述、安全生产方针及特种作业相关
法律制度、特种作业人员安全生产的权利和义务、安全防护用品的使用、
高处作业安全知识、施工现场安全消防知识、施工现场安全用电基本知识、
施工现场急救知识、力学基本知识、机械基础知识和电工学基础知识。
　　本书是建筑施工特种作业人员考核培训必备教材，也可供相关人员自学。

责任编辑：赵云波
责任校对：李辰馨

建筑施工特种作业人员培训教材
特种作业安全生产基本知识（第二版）
阚咏梅　主编
*
中国建筑工业出版社出版、发行（北京海淀三里河路9号）
各地新华书店、建筑书店经销
北京科地亚盟排版公司制版
河北鹏润印刷有限公司印刷
*
开本：850 毫米×1168 毫米　1/32　印张：6¼　字数：168 千字
2022 年 12 月第二版　　2022 年 12 月第一次印刷
定价：**19.00** 元
ISBN 978-7-112-28178-7
（40200）

第二版前言

建筑施工特种作业人员是指在房屋建筑和市政工程施工活动中，从事可能对本人、他人及周围设备设施的安全造成重大危害作业的人员。为加强对建筑施工特种作业人员的管理，防止和减少生产安全事故发生，提升特种作业人员的从事特殊工种工作的能力编写本书。

本书是在第一版的基础上，根据最新的《中华人民共和国安全法》《中华人民共和国消防法》以及相关法律法规标准规范重新进行系统的梳理和修订，使教材内容更具有针对性、实用性和指导性，并根据情况适当增加了防疫的基本知识。本书既可作为建筑施工特种作业人员培训考试用书，又可作为特种作业人员自学的参考书籍。

本书由阚咏梅主编，史通燕、曹安民、刘延兵参与了部分内容的修订，在修订过程中参考了大量相关资料，对这些资料的编作者一并表达感谢！由于时间紧迫，本书在内容和体系上仍有很多不足和遗憾之处，为此，我们也衷心地希望广大读者和业界同仁多提宝贵意见！

前　　言

根据住房和城乡建设部《建筑施工特种作业人员管理规定》的要求，为提高建筑施工特种作业人员的素质，防止和减少建筑施工生产安全事故发生，提升建筑施工特种作业人员具备独立从事相应特种作业工作能力，依据《建筑施工特种作业人员安全技术考核大纲》《建筑施工特种作业人员安全操作技能考核标准》等相关规定编写本书。

全书内容共包括十一章：特种作业安全知识概述、安全生产方针及特种作业相关法律制度、特种作业人员安全生产的权利和义务、安全防护用品的使用、高处作业安全知识、施工现场安全消防知识、施工现场安全用电基本知识、施工现场急救知识、力学基本知识、机械基础知识和电工学基础知识。

本书内容全面，涵盖了建筑施工特种作业人员所需要的安全生产基本知识和专业基础知识的全部内容，并有较强的针对性和实用性，是建筑施工特种作业人员考核培训的必备教材，也可作为特种作业人员自学的参考书。

本书由阚咏梅、曹安民编写，在编写过程中参考了大量相关参考资料，对这些资料的编作者，一并表示感谢！但由于编者水平有限，加之时间仓促，因此书中难免有疏漏或不妥之处，诚恳地希望专家和广大读者批评指正。

目　　录

一、特种作业安全知识概述 ·· 1

（一）安全生产知识概述 ·· 1

（二）安全色标 ·· 3

二、安全生产方针及特种作业相关法律制度 ····················· 13

（一）安全生产方针 ··· 13

（二）安全生产主要法律法规 ···································· 13

（三）常用安全生产法律、法规简介 ···························· 20

（四）安全生产主要管理制度 ···································· 22

三、特种作业人员安全生产的权利和义务 ······················· 49

（一）安全生产的权利 ··· 49

（二）安全生产的义务 ··· 51

四、安全防护用品的使用 ··· 53

（一）劳动保护的相关规定 ······································ 53

（二）安全防护用品的使用 ······································ 57

五、高处作业安全知识 ··· 70

（一）概述 ··· 70

（二）建筑施工高处作业 ·· 77

六、施工现场安全消防知识 ······································· 94

（一）消防的基本知识 ··· 94

（二）灭火器 ··· 96

（三）施工现场防火安全管理 ···································· 99

七、施工现场安全用电基本知识 ································· 111

（一）施工现场临时用电管理 ··································· 111

（二）施工现场配电线路布置 ··································· 113

（三）配电箱与开关箱的设置 ··································· 114

八、施工现场急救知识 ·················· 116
　（一）应急救护要点 ·················· 116
　（二）施工现场急救常识 ·············· 116
　（三）施工现场应急处理措施 ·········· 123
　（四）施工现场疫情防控 ·············· 131
九、力学基本知识 ···················· 133
　（一）力的概念 ···················· 133
　（二）力与变形 ···················· 133
十、机械基础知识 ···················· 136
　（一）机械原理概述 ·················· 136
　（二）机械零件的基本概念 ············ 136
　（三）连接 ························ 137
　（四）传动的基本知识 ················ 147
　（五）轴、轴承、联轴器 ·············· 157
　（六）机械动力学知识 ················ 164
　（七）机械的平衡知识 ················ 167
十一、电工学基础知识 ················ 169
　（一）电路 ························ 169
　（二）电流 ························ 172
　（三）电压 ························ 174
　（四）电阻 ························ 176
　（五）电容 ························ 177
　（六）电感 ························ 178
　（七）电功和电功率 ·················· 179
　（八）电路基本定律 ·················· 180
　（九）电动机简介 ·················· 182
参考文献 ·························· 194

一、特种作业安全知识概述

（一）安全生产知识概述

1. 安全生产的概念

危险，是指系统中存在对人、财产或环境具有造成伤害的潜在因素的一种状态，这种状态具有导致人员伤亡、职业病、作业环境破坏、财产损失的趋势。危险的程度或严重性，用危害发生的概率、频率或者伤害、损失的程度和大小来衡量。

安全，指没有危险，不出事故，未造成人身伤亡、资产损失。因此，安全不但包括人身安全，还包括资产安全。

安全生产，是指在社会生产活动中，通过人、机、物料、环境、方法的和谐运作，使生产过程中潜在的各种事故风险和伤害因素始终处于有效控制状态，切实保护劳动者的生命安全和身体健康。也就是说，为了使劳动过程在符合安全要求的物质条件和工作秩序下进行，防止发生人身伤亡和财产损失等生产事故，消除或控制危险有害因素，保障劳动者的人身安全与健康和设备设施免受损坏、环境免遭破坏而采取的一切行为措施。

安全生产是我国的一项重要政策，也是现代企业管理的一项重要原则。安全生产的目的，就是保护劳动者在生产过程中的安全和健康，促进国家经济稳定、持续、健康的发展。安全生产是发展中国特色社会主义市场经济，全面实现小康社会目标的基础和条件，是构建和谐社会、和谐企业的基本保障，是社会文明程度的重要标志。

安全与生产的关系是辩证统一的关系，而不是对立的、矛盾的关系。安全与生产的统一性表现在：一方面指生产必须安全。安全是生产的前提条件，不安全就无法生产；另一方面，安全可以促进生产。做好安全工作，改善劳动条件，可以更好地调动劳动者的积极性，提高劳动生产率和减少因事故带来的劳动力和财产等损失，无疑会增加企业效益，促进生产发展。

2. 施工项目安全生产的特点

（1）随着建筑业的发展，超高层、高新技术及结构复杂、性能特别、造型奇异、个性化的建筑产品不断出现，这给建筑施工带来了新的挑战，同时也给安全管理和安全防护技术不断提出新的课题。

（2）施工现场受季节气候、地理环境的影响较大，如雨期、冬期及台风、高温等因素都会给施工现场的安全带来很大威胁；同时，施工现场的地质、地理、水文及现场内外水、电、路等环境条件也会影响到施工现场的安全。

（3）施工生产的流动性要求安全管理举措必须及时、到位。当一建筑产品完成后，施工队伍就必须转移到新的工作地点去，即要从刚熟悉的生产环境转入另一陌生的环境重新开始工作；脚手架等设备设施、施工机械都要重新搭设和安装，这些流动因素时常孕育着不安全因素，是施工项目安全管理的难点和重点。

（4）生产工艺复杂多变，要求有配套和完善的安全技术措施予以保证。建筑安全技术涉及面广，它涉及高危作业、电气、起重、运输、机械加工和防火、防爆、防尘、防毒等多工种、多专业，组织安全技术培训难度较大。

（5）施工场地窄小，建筑施工多为多工种立体作业，人员多，工种复杂。施工人员多为季节工、临时工等，没有受过专业培训，技术水平低，安全观念淡薄，施工中由于违反操作规程而引发的安全事故较多。

（6）施工周期长，劳动作业条件恶劣。由于建筑产品的体积特别庞大，故而施工周期较长。从基础、主体、屋面到室外装修等整个工程的 70％ 均需在露天进行作业，劳动者要忍受春夏秋冬的风雨交加、酷暑严寒的气候变化，环境恶劣，工作条件差，容易导致伤亡事故的发生。

（7）施工作业场所的固化使安全生产环境受到局限。建筑产品坐落在一个固定的位置上，产品一经完成就不可能再进行搬移，这就导致必须在有限的场地和空间上集中大量的人力、物资、机具来进行交叉作业，因而容易产生物体打击等伤亡事故。

通过上述特点可以看出，项目施工的安全隐患多存在于高处作业、交叉作业、垂直运输以及使用电气工具上，因此施工项目安全管理的重点和关键点是对项目流动资源和动态生产要素的管理。

（二）安全色标

安全色标是特定地表达安全信息含义的颜色和标志，它以形象而醒目的信息语言向人们提供表达禁止、警告、指令、提示等安全信息。

安全色与安全标志是以防止灾害为指导思想而逐渐形成的。现把安全色与安全标志分述如下：

1. 安全色

各种颜色具有各自的特性，它给人们的视觉和心理以刺激，从而给人们以不同的感受，如冷暖、进退、轻重、宁静与刺激、活泼与忧郁等各种心理效应。安全色就是根据颜色给予人们不同的感受而确定的。由于安全色是表达"禁止""警告""指令"和"提示"等安全信息含义的颜色，所以要求容易辨认和引人注目。

（1）含义及用途

现行国家标准《安全色》GB 2893 中规定安全色是传递安全信息含义的颜色，包括红、蓝、黄、绿四种颜色。其含义和用途见表1-1。

安全色的含义及用途　　　　　　　　表 1-1

颜色	含义	用途举例
红色	禁止、停止、危险、消防	禁止标志；交通禁令标志；消防设备标志；危险信号旗；停止信号：机器、车辆上的紧急停止手柄或按钮，以及禁止人们触动的部位
蓝色	指令、必须遵守的规定	指令标志：如必须佩戴个人防护用具，道路指引车辆和行人行走方向的指令
黄色	警告、注意	警告标志；警告信号旗；道路交通标志和标线；警戒标志：如厂内危险机器和坑池边周围的警戒线；机械上齿轮箱的内部；安全帽
绿色	提示安全	提示标志；车间内的安全通道；行人和车辆通行标志；消防设备和其他安全防护装置的位置

注：1. 蓝色只有与几何图形同时使用时，才表示指令；

　　2. 为了不与道路两旁绿色行道树相混淆，道路上的提示标志用蓝色。

这四种颜色有如下的特性：

1）红色：红色很醒目，使人们在心理上会产生兴奋感和刺激性。红色光波较长，不易被尘雾所散射，在较远的地方也容易辨认，即红色的注目性非常高，视认性也很好，所以用其表示危险、禁止和紧急停止的信号。

2）蓝色：蓝色的注目性和视认性虽然都不太好，但与白色相配合使用效果不错，特别是在太阳光直射的情况下较明显。因而被选用为指令标志的颜色。

3）黄色：黄色对人眼能产生比红色更高的明度，黄色与黑色组成的条纹是视认性最高的色彩，特别能引起人们的注意，所以被选用为警告色。

4）绿色：绿色的视认性和注目性虽然都不高，但绿色是新鲜、年轻、青春的象征，具有和平、久远、生长、安全等心理效应，所以用绿色提示安全信息。

（2）对比色规定

为使安全色更加醒目，使用对比色为其反衬色，黑白互为对比色。红、蓝、绿色的对比色定为白色；黄色的对比色定为黑色。

在运用对比色时，黑色用于安全标志的文字、图形符号和警告标志的几何边框。白色既可以用于红、蓝、绿的背景色，也可以用作安全标志的文字和图形符号。

（3）间隔条纹标示

间隔的条纹标示有红色与白色相间隔的，黄色与黑色相间隔的以及蓝色与白色相间隔的条纹。安全色与对比色相间的条纹宽度应相等，即各占 50％。这些间隔条纹标示的含义和用途见表 1-2。

间隔条纹标示的含义与用途   表 1-2

间隔条纹	含义	用途举例
红、白色相间	表示禁止或提示消防设备、设施位置的安全标记	道路上用的防护栏杆和隔离墩
黄、黑色相间	表示危险位置的安全标记	轮胎式起重机的外伸腿；吊车吊钩的滑轮架；铁路和通道交叉口上的防护栏杆
蓝、白色相间	表示指令的安全标记，传递必须遵守规定的信息	交通指示性导向标志
绿、白色相间	表示安全环境的安全标记	固定提示标志杆上的色带

（4）使用范围

按照现行国家标准《安全色》GB 2893 的规定，安全色是指适用于公共场所、生产经营单位和交通运输、建筑、仓储等行业以及消防等领域所使用的信号和标志的表面色。

2. 安全标志

安全标志是用以表达特定安全信息的标志，由图形符号、安全色、几何形状（边框）或文字构成。

现行国家标准《安全标志及其使用导则》GB 2894 对安全标志的尺寸、衬底色、制作、设置位置、检查、维修以及各类安全标志的几何图形、标志数目、图形颜色及其辅助标志等都做了具体规定。安全标志的文字说明必须与安全标志同时使用。辅助标志应位于安全标志几何图形的下方，文字有横写、竖写两种形式。

（1）标志类型

1）根据使用目的分类

安全标志根据其使用目的的不同，可以分为以下 9 种：

① 防火标志（有发生火灾危险的场所，有易燃易爆危险的物质及位置，防火、灭火设备位置）；

② 禁止标志（所禁止的危险行动）；

③ 危险标志（有直接危险性的物体和场所并对危险状态作警告）；

④ 注意标志（由于不安全行为或不注意就有危险的场所）；

⑤ 救护标志；

⑥ 小心标志；

⑦ 放射性标志；

⑧ 方向标志；

⑨ 指示标志。

2）按用途分类

安全标志按其用途可分为禁止标志、警告标志、指令标志和提示标志四大类型。这四类标志用四个不同的几何图形来表示。

① 禁止标志

禁止标志是禁止人们不安全行为的图形标志。

禁止标志的基本形式是带斜杠的圆边框。如图 1-1 所示。

禁止标志有：禁止吸烟、禁止烟火、禁止带火种、禁止用水灭火、禁止放置易燃物、禁止堆放、禁止启动、禁止合闸、禁止转动、禁止叉车和厂内机动车辆通过、禁止乘人、禁止靠近、禁止入内、禁止推动、禁止停留、禁止通行、禁止跨越、禁止攀登、禁止跳下、禁止伸出窗外、禁止依靠、禁止坐卧、禁止蹬踏、禁止触摸、禁止伸入、禁止饮用、禁止抛物、禁止戴手套、禁止穿化纤服装、禁止穿带钉鞋、禁止开启无线移动通信设备、禁止携带金属物或手表、禁止佩戴心脏起搏器者靠近、禁止植入金属材料者靠近、禁止游泳、禁止滑冰、禁止携带武器及仿真武器、禁止携带托运易燃及易爆物品、禁止携带托运有毒物品和有害液体、禁止携带托运放射性及磁性物品等 40 个。

② 警告标志

警告标志的含义是提醒人们对周围环境引起注意，以避免可能发生危险的图形标志。

警告标志的基本形式是正三角形边框，如图 1-2 所示。

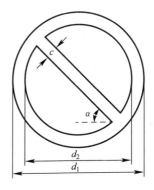

图 1-1　禁止标志的基本形式　　图 1-2　警告标志的基本形式

警告标志有：注意安全、当心火灾、当心爆炸、当心腐蚀、当心中毒、当心感染、当心触电、当心电缆、当心自动启动、当心机械伤人、当心塌方、当心冒顶、当心坑洞、当心落物、当心吊物、当心碰头、当心挤压、当心烫伤、当心伤手、当心夹手、当心扎脚、当心有犬、当心弧光、当心高温表面、当心低温、当心磁场、当心电离辐射、当心裂变物质、当心激光、当心微波、当心叉车、当心车辆、当心火车、当心坠落、当心障碍物、当心跌落、当心滑倒、当心落水、当心缝隙等 39 个。

③ 指令标志

指令标志的含义是强制人们必须做出某种动作或采用防范措施的图形标志。

指令标志是提醒人们必须要遵守某项规定的一种标志。基本形式是圆形边框，如图 1-3 所示。

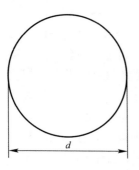

图 1-3 指令标志的基本形式

标有"指令标志"的地方，就是要求人们到达这个地方，必须遵守"指令标志"的规定。例如进入施工工地，工地附近有"必须戴安全帽"的指令标志，则必须将安全帽戴上，否则就是违反了施工工地的安全规定。

指令标志有：必须戴防护眼镜、必须戴遮光护目镜、必须戴防尘口罩、必须戴防毒面具、必须戴护耳器、必须戴安全帽、必须戴防护帽、必须系安全带、必须穿救生衣、必须穿防护服、必须戴防护手套、必须穿防护鞋、必须洗手、必须加锁、必须接地、必须拔出插头等 16 个。

④ 提示标志

提示标志的含义是向人们提供某种信息（如标明安全设施或场所等）的图形标志。

提示标志是指示目标方向的安全标志，基本形式是正方形边框，如图 1-4 所示。

提示标志有：紧急出口、避险处、应急避难场所、可动火区、击碎板面、

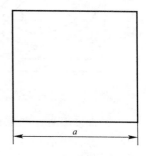

图 1-4 提示标志的基本形式

8

急救点、应急电话、紧急医疗站等 8 个。

提示标志提示目标的位置时要加方向辅助标志。按实际需要指示左向或下向时，辅助标志应放在图形标志的左方，如指示右向时，则应放在图形标志的右方。

（2）辅助标志

有时候，为了对某一种标志加以强调而增设辅助标志。提示标志的辅助标志为方向辅助标志，其余三种采用文字辅助标志。

文字辅助标志就是在安全标志的下方标有文字补充说明安全标志的含义。基本形式是矩形边框，辅助标志的文字可以横写，也可以竖写。文字字体均为黑体字。一般来说，挂牌的辅助标志横写，用杆竖立在特定地方的辅助标志，文字竖写在标志的立杆上。

各种辅助标志的背景颜色、文字颜色、字体，辅助标志放置的部位、形状与尺寸的规定等见表 1-3。

辅助标志的有关规定　　　　　　　　表 1-3

辅助标志写法	横写	竖写
背景颜色	禁止标志——红色 警告标志——白色 指令标志——蓝色 提示标志——绿色	白色
文字颜色	禁止标志——白色 警告标志——黑色 指令标志——白色 提示标志——白色	黑色
字体	黑体字	黑体字
放置部位	在标志的下方，可以和标志连在一起，也可以分开	在标志杆的上方（标志杆下部色带的颜色应和标志的颜色相一致）
形状	矩形	矩形
尺寸	长 500mm	—

文字辅助标志横写和竖写的示例分别见图 1-5 和图 1-6。

图 1-5　横写的文字辅助标志

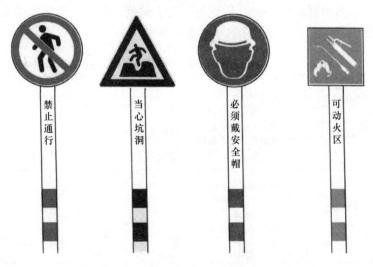

图 1-6　竖写的文字辅助标志

　　安全标志在使用场所和视距上必须保证人们可以清楚地识别。为此，安全标志应当设置在它所指示的目标物附近，使人们一眼就能识别出它所提供的信息是属于哪一目标物。另外，安全标志应有充分的照明，为了保证能在黑暗地点或电源切断时也能看清标志，有些标志应带有应急照明电池或荧光。

安全标志所用的颜色应符合《安全色》GB 2893 规定的颜色。

（3）激光辐射窗口标志和说明标志

激光辐射窗口标志和说明标志应配合"当心激光"警告标志使用，说明标志包括激光产品辐射分类说明标志和激光辐射场所安全说明标志，激光辐射窗口标志和说明标志的图形、尺寸和使用方法符合规范规定。

（4）安全标志使用范围

按照《安全标志及其使用导则》GB 2894 的规定，安全标志适用于工矿企业、建筑工地、厂内运输和其他有必要提醒人们注意安全的场所。

（5）安全标志牌

1）安全标志牌的要求

安全标志牌要有衬边。

安全标志牌应采用坚固耐用的材料制作，一般不宜使用遇水变形、变质或易燃的材料。有触电危险的作业场所应使用绝缘材料。标志牌图形应清楚，无毛刺、孔洞和影响使用的任何疵病。

2）标志牌的设置高度

标志牌设置的高度，应尽量与人眼的视线高度相一致。悬挂式和柱式的环境信息标志牌的下缘距地面的高度不宜小于2m；局部信息标志的设置高度应视具体情况确定。

3）安全标志牌的使用要求

① 标志牌应设在与安全有关的醒目地方，并使大家看见后，有足够的时间来注意它所表示的内容。环境信息标志宜设在有关场所的入口处和醒目处；局部信息标志应设在所涉及的相应危险地点或设备（部件）附近的醒目处。

② 标志牌不应设在门、窗、架等可移动的物体上，以免标

志牌随母体物体相应移动，影响认读。标志牌前不得放置妨碍认读的障碍物。

③ 标志牌的平面与视线的夹角应接近 90°，观察者位于最大观察距离时，最小夹角不低于 75°。

④ 标志牌应设置在明亮的环境中。

⑤ 多个标志牌在一起设置时，应按警告、禁止、指令、提示类型的顺序，先左后右、先上后下地排列。

⑥ 标志牌的固定方式分为附着式、悬挂式和柱式三种。悬挂式和附着式的固定应稳固不倾斜，柱式的标志牌和支架应牢固地连接在一起。

二、安全生产方针及特种作业相关法律制度

(一) 安全生产方针

我国现行的安全生产方针是"安全第一、预防为主、综合治理"。在工程建设中必须深入贯彻执行这一方针。"安全第一"是安全生产方针的基础;"预防为主"是安全生产方针的核心和具体体现,是实现安全生产的根本途径;"综合治理"是安全生产方针的基石,是安全生产工作的重心所在,也是落实安全生产政策、法律法规的最有效手段。

(二) 安全生产主要法律法规

安全生产法律法规是对有关安全生产的法律、规程、条例、规范的总称,是我国法律体系的重要组成部分,所有的人员必须无条件地遵守和执行。按照"安全第一、预防为主、综合治理"的安全生产方针,我国制定了一系列的安全生产法律法规和标准,已经基本形成了安全生产法律法规体系。

安全生产法律法规是指调整在生产过程中产生的与劳动者或生产人员的安全与健康,以及生产资料和社会财富安全保障有关的各种社会关系的法律规范的总和。

我们通常所说的安全生产法律法规是指关于改善劳动条件,实现安全生产的有关法律、法规、规章和规范性文件的总和。

目前,我国的安全生产法律法规已初步形成一个以《中华人民共和国宪法》为依据,以《中华人民共和国安全生产法》

为主体的，由有关法律、行政法规、地方性法规和有关行政规章、技术标准所组成的综合体系。

1. 安全生产法律法规的特征

安全生产法律法规是国家法律规范中的一个组成部分，是生产实践中的经验总结和对自然规律的认识和运用，通过规定人们之间的权利和义务的方式来调整社会关系，以保障社会的稳定和发展，维护国家和人民的根本利益。

安全生产法规首先调整的是在社会生产经营活动中所产生的同安全生产有关的各方面关系和行为。例如，生产经营单位和从业人员之间的关系；生产经营单位和为其提供技术服务的安全生产中介机构的关系；生产经营单位从业人员和有关国家机关、社会团体之间的关系等。全国人大及其常委会、国务院及有关部委、地方人大和地方政府颁发的有关安全生产、职业安全健康、劳动保护等方面的法律、法规、规章、规程、决定、条例、规定、规则及标准等，均属于安全生产法规范畴。

安全生产法规规定了人们在生产过程中的行为准则，规定什么是合法的，可以去做；什么是非法的，禁止去做；在什么情况下必须怎样做，不应该怎样做等，用国家强制性的权力来维护企业安全生产的正常秩序。因此，有了各种安全生产法规，就可以使安全管理工作做到"有法可依，有法必依，执法必严，违法必究"。违反法规要求就要承担一定的法律责任，依法受到制裁。

法律规范一般可分为技术规范和社会规范两大类。技术规范，是指人们关于合理利用自然力、生产工具、交通工具和劳动对象的行为准则。如：操作规程、标准、规程等。

安全技术规范是调整在生产经营活动中同安全生产有关的人和自然的关系的一种规范。它是人们为了有效、安全地从事生产经营活动，根据自然规律、科学技术研究成果而制定的，规定在生产经营活动中人的行为和物的状态（包括环境因素）

的一种规范。违反这些规范就有可能造成不堪设想的后果，不仅会危及劳动者的人身安全，而且会造成经济上的损失，甚至还会给周围生活环境、社会环境造成危害。因此，为了维护生产秩序和社会秩序，国家就有必要通过立法，把有关人员遵守的安全技术规范，规定为必须遵守的法律义务。

2. 安全生产法规的职能

（1）通过规定政府部门、生产经营单位、社会组织及其主要负责人、安全生产中介机构和从业人员等的安全生产职责，确立他们之间的安全生产关系。

（2）通过规定安全生产方面的权利与义务，规范安全生产相关法人、社会组织、公民的安全生产行为，建立安全生产法律秩序。

（3）通过明确安全生产法律责任，制裁违反安全生产法律、法规的行为，惩戒违法行为，维护安全生产法律秩序，并教育广大群众，约束安全生产违法倾向。

（4）保障生产经营活动的安全运行，保障人民群众生命财产安全，促进经济发展和社会进步。

安全生产法规是实现安全生产的法律保障。要从讲政治、保稳定、促发展的高度去认识和理解安全生产法规的职能，从而提高认真贯彻执行安全生产法规的自觉性和主动性。

3. 安全生产法规的作用

安全生产法规的作用主要表现在以下几个方面：

（1）为保护劳动者的安全健康提供法律保障

我国的安全生产法规是以搞好安全生产、工业卫生、保障职工在生产中的安全与健康为目的的，是我们党和国家代表最广大人民群众的根本利益在立法上的具体体现。它不仅从管理上制定了人们的安全行为规范，也从生产技术上、设备上规定了实现安全生产和保障职工安全与健康必需的物质条件，制定出了各种保证安全生产的措施。强调人人都必须遵守规章，尊重自然规律、经济规律和生产规律，保证劳动者得到符合安全与健康要求的劳动条件，切实维护劳动者安全健康的合法权益。

安全生产法规对于促进我国生产力的发展和社会主义现代化建设事业的顺利进行起着重要作用。

（2）加强安全生产的法制化管理

安全生产法规是加强安全生产法制化管理的章程，很多重要的安全生产法规都明确规定了各个方面加强安全生产、安全生产管理的职责，推动了各级领导特别是企业领导对劳动保护工作的重视，把这项工作摆上领导和管理的议事日程。

（3）指导和推动安全生产工作的开展，促进企业安全生产

安全生产法规反映了保护生产正常进行、保护劳动者安全健康所必须遵循的客观规律，对企业搞好安全生产工作提出了明确要求。同时，由于它是一种法律规范，具有法律约束力，要求人人都要遵守，这样，它对整个安全生产工作的开展具有用国家强制力推行的作用。

（4）推进生产力的提高，保证企业效益的实现和国家经济建设事业的顺利发展

安全生产是企业十分关切的，关系到他们切身利益的大事，通过安全生产立法，使劳动者的安全健康有了保障，职工能够在符合安全健康要求的条件下从事劳动生产，这样必然会激发他们的劳动积极性和创造性，从而促使劳动生产率大大提高。同时，安全生产技术法规和标准的遵守和执行，必然提高生产过程的安全性，使生产的效率等到保障和提高，从而提高企业的生产效率和效益。

安全生产法律、法规对生产的安全卫生条件提出与现代化建设相适应的强制性要求，这就迫使企业领导在生产经营决策上，以及在技术、装备上采取相应措施，以改善劳动条件、加强安全生产为出发点，加速技术改造的步伐，推动社会生产力的提高。

在我国现代化建设过程中，安全生产法规以法律形式，协调人与人之间、人与自然之间的关系，维护生产的正常秩序，为劳动者提供安全、健康的劳动条件和工作环境，为生产经营者提供可行、安全可靠的生产技术和条件，从而产生间接生产力作用，促进国家现代化建设的顺利进行。

4. 我国建设工程安全生产法律体系

安全生产法律体系，是指我国全部现行的、不同的安全生产法律规范形成的有机联系的统一整体。

我国安全生产法律法规经过几十年的建设，基本形成了以《宪法》为基本依据，以《安全生产法》为基本法律规范，以《矿山安全法》《消防法》《煤炭法》《电力法》《铁路法》《海上交通安全法》《公路法》《民航法》《建筑法》等专业法律为补充，以《国务院关于特大安全事故行政责任追究的规定》《安全生产许可证条例》等行政法规，有关地方性法规和部门、政府规章以及安全生产标准为支撑的安全生产法律法规体系。

在建筑活动中，施工管理者必须遵循相关的法律、法规及标准，同时应当了解法律、法规及标准各自的地位及相互关系。

我国建设工程安全生产法律体系按照法律体系基本框架，法律、法规（行政法规、地方法规）、规章（部门规章、地方政府规章）、法定标准（国家标准、行业标准）分为以下几个层次：

（1）建筑法律

建筑法律一般是全国人民代表大会及其常务委员会对建筑管理活动的宏观规定，侧重于对政府机关、社会团体、企事业单位的组织、职能、权利、义务等，以及建筑产品生产组织管理和生产基本程序进行规定，是建筑法律体系的最高层次，具有最高法律效力，以主席令形式公布。

（2）建筑行政法规

建筑行政法规是对法律条款进一步细化，是国务院根据有关法律中授权条款和管理全国建筑行政工作的需要制定的，是法律体系中第二层次，以国务院令形式公布。

（3）建筑部门规章

建筑部门规章是国务院各部委根据法律、行政法规颁布建筑行政规章，其中综合规章主要由住房和城乡建设部发布。部门规章对全国有关行政管理部门具有约束力，但它的效力低于行政法规，以部委令形式发布。

（4）地方性建筑法规

地方性建筑法规是省、自治区、直辖市人民代表大会及其常务委员会，根据本行政区的特点，在不与宪法、法律、行政法规相抵触的情况下制定的行政法规，仅在地方性法规所辖行政区域内有法律效力。一般指省市级人大出台的《条例》。

（5）地方性建筑规章

地方性建筑规章是地方人民政府根据法律、法规制定的地方性规章，仅在其行政区域内有效，其法律效力低于地方性法规。一般以省市政府令形式出台。

（6）国家标准

国家标准是需要在全国范围内统一的技术要求，由国务院标准化行政主管部门，制定发布，全国适用。国家标准分为强制性标准和推荐性标准，强制性标准代号为"GB"，推荐性标准代号为"GB/T"。国家标准的编号由国家标准代号、国家标准发布顺序号及国家标准发布的年号组成，国家工程建设标准代号为 GB 5××××或 GB/T 5××××。

（7）行业标准

行业标准是需要在某个行业范围内统一的，而又没有国家标准的技术要求，由国务院有关行政主管部门制定，并报国务院标准化行政主管部门备案。行业标准是对国家标准的补充，行业标准在相应国家标准实施后，应该自行废止。其标准分为强制性标准和推荐性标准。行业标准如：城市建设行业标准（CJ）、建材行业标准（JC）、建筑工业行业标准（JG）。现行工程建设行业标准代号在部分行业标准代号后加上第三个字母 J，行业标准的编号由标准代号、标准顺序号及年号组成，行业标准顺序号在 3000 以前为工程类标准，在 3001 以后为产品类标准。

(8) 地方标准

地方标准是对没有国家标准和行业标准，但又需要在省、自治区、直辖市范围内统一的产品的安全和卫生要求，由省、自治区、直辖市标准化行政主管部门制定，并报国务院标准化行政主管部门备案。地方标准不得违反有关法律法规和国家行业强制性标准，在相应的国家标准行业标准实施后，地方标准应自行废止。在地方标准中凡法律法规规定强制性执行的标准，才可能有强制性地方标准。

安全生产法律、法规体系示意如图 2-1 所示。

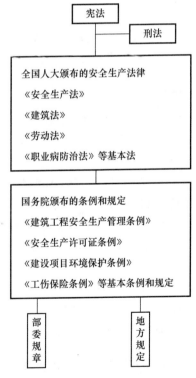

图 2-1　安全生产法律、法规体系示意

（三）常用安全生产法律、法规简介

1. 《中华人民共和国建筑法》（以下简称《建筑法》）

《建筑法》从 1998 年 3 月 1 日起施行，是我国第一部关于工程建设的大法，建筑市场管理、安全、质量三大内容构成整个法律的主框架，在第一条中就明确立法的目的是："为了加强对建筑活动的监督管理，维护建筑市场秩序，保证建筑工程的质量和安全，促进建筑业健康发展。"

《建筑法》用了第五章整章篇幅明确了建筑工程安全生产管理的方针、管理体制、安全责任制度，安全教育培训制度等规定，对强化建筑安全生产管理，规范安全生产行为，保障人民群众生命和财产的安全，具有非常重要的意义。

2. 《中华人民共和国安全生产法》（以下简称《安全生产法》）

《安全生产法》立法的根本目的就是为了加强安全生产工作，防止和减少安全事故，保障人民群众生命和财产安全，促进经济社会持续健康发展。

《安全生产法》明确指出安全生产工作坚持中国共产党的领导。安全生产工作应当以人为本，坚持人民至上、生命至上，把保护人民生命安全摆在首位，树牢安全发展理念，坚持安全第一、预防为主、综合治理的方针，从源头上防范化解重大安全风险。

《安全生产法》基本内容：生产经营单位的安全生产保障、从业人员的安全生产权利义务、安全生产的监督管理、生产安全事故的应急救援与调查处理及法律责任。

3. 《中华人民共和国消防法》（以下简称《消防法》）

《消防法》的立法目的就是预防火灾和减少火灾危害，加强应急救援工作，保护人身、财产安全，维护公共安全。

《消防法》明确消防工作应贯彻预防为主、防消结合的方针，按照政府统一领导、部门依法监管、单位全面负责、公民积极参与的原则，实行消防安全责任制，建立健全社会化的消防工作网络。国务院领导全国的消防工作。地方各级人民政府负责本行政区域内的消防工作。国务院应急管理部门对全国的消防工作实施监督管理。县级以上地方人民政府应急管理部门对本行政区域内的消防工作实施监督管理，并由本级人民政府消防救援机构负责实施。任何单位和个人都有维护消防安全、保护消防设施、预防火灾、报告火警的义务。任何单位和成年人都有参加有组织的灭火工作的义务。

4. 《建设工程安全生产管理条例》

2004 年 2 月 1 日《建设工程安全生产管理条例》正式实施，这是中华人民共和国成立以来我国制定的第一部有关建设工程安全生产的行政法规，对于强化整个建设行业安全生产意识，依法加强安全生产监督管理具有重要意义。

《建设工程安全生产管理条例》确定的基本管理制度：安全施工措施和拆除工程备案制度、健全安全生产制度、特种作业人员持证上岗制度、专项工程专家论证制度、消防安全责任制度、施工单位管理人员考核任职制度、施工自升式架设设施使用登记制度、意外伤害保险制度、政府安全监督检查制度、危及施工安全工艺、设备、材料淘汰制度、生产安全事故应急救援制度、生产安全事故报告制度。

同时明确了建设活动各方主体的安全责任：建设单位的安全责任、施工单位的安全责任。明确了对安全生产违法行为的处罚。

5. 《安全生产许可证条例》（以下简称《条例》）

2004 年 1 月 13 日《条例》正式实施，2014 年 7 月 29 日中华人民共和国国务院令第 653 号公布之日起第二次修正，这是我国安全生产领域又一部重要的行政法规，《条例》所确立的安全生产许可证制度，将对进一步规范企业的安全生产条件加强安全生产监督管理发挥重要作用。

《条例》的根本目的就是严格规范安全生产条件，进一步加强安全生产监督管理，防止和减少生产安全事故，对危险性较大易发生事故的企业实行严格的安全生产许可证制度，提高高危行业的准入门槛，严格规范安全生产条例，将不具备安全生产条件的企业拒之门外，通过安全生产许可证制度，从源头上防止生产安全事故，赋予安全生产监管部门一个有效的监控手段，加强安全生产的监督管理力度，从而防止和减少安全生产事故发生，确保人民群众生命和财产，保障国民经济持续健康发展。

《条例》明确规定：国家对矿山企业、建筑施工企业和危险化学品、烟花爆竹、民用爆炸物品生产企业（以下统称企业）实行安全生产许可制度。

企业未取得安全生产许可证的，不得从事生产活动。

（四）安全生产主要管理制度

安全生产管理制度是根据坚持国家法律、行政法规制定的，项目全体员工在生产经营活动中必须贯彻执行，同时，也是企业规章制度的重要组成部分。通过建立安全生产管理制度，可以把企业员工组织起来，围绕安全目标进行生产建设。同时，我国的安全生产方针和法律法规也是通过安全生产管理制度去实现的。安全生产管理制度既有国家制定的，也有企业制定的。

1. 建筑施工企业安全生产许可制度

为了严格规范建筑施工企业安全生产条件，进一步加强安全生产监督管理，防止和减少生产安全事故发生，住房和城乡建设部根据《安全生产许可证条例》等有关行政法规，制定了

《建筑施工企业安全生产许可证管理规定》及《建筑施工企业安全生产许可证动态监管规定》。

国家对建筑施工企业实行安全生产许可制度。建筑施工企业未取得安全生产许可证的，不得从事建筑施工活动。

建筑施工企业取得安全生产许可证，应当具备下列安全生产条件：

1）建立、健全安全生产责任制，制定完备的安全生产规章制度和操作规程；

2）保证本单位安全生产条件所需资金的投入；

3）设置安全生产管理机构，按照国家有关规定配备专职安全生产管理人员；

4）主要负责人、项目负责人、专职安全生产管理人员经住房和城乡建设主管部门或者其他有关部门考核合格；

5）特种作业人员经有关业务主管部门考核合格，取得特种作业操作资格证书；

6）管理人员和作业人员每年至少进行一次安全生产教育培训并考核合格；

7）依法参加工伤保险，依法为施工现场从事危险作业的人员办理意外伤害保险，为从业人员交纳保险费；

8）施工现场的办公、生活区及作业场所和安全防护用具、机械设备、施工机具及配件符合有关安全生产法律、法规、标准和规程的要求；

9）有职业危害防治措施，并为作业人员配备符合国家标准或者行业标准的安全防护用具和安全防护服装；

10）有对危险性较大的分部分项工程及施工现场易发生重大事故的部位、环节的预防、监控措施和应急预案；

11）有生产安全事故应急救援预案、应急救援组织或者应急救援人员，配备必要的应急救援器材、设备；

12）法律、法规规定的其他条件。

2. 安全监督检查制度

依据《安全生产法》及《建设工程安全生产管理条例》的内容，安全生产工作实行管行业必须管安全、管业务必须管安全、管生产经营必须管安全，强化和落实生产经营单位主体责任与政府监管责任，建立生产经营单位负责、职工参与、政府监管、行业自律和社会监督的机制。

县级以上地方各级人民政府应当根据本行政区域内的安全生产状况，组织有关部门按照职责分工，对本行政区域内容易发生重大生产安全事故的生产经营单位进行严格检查。应急管理部门应当按照分类分级监督管理的要求，制定安全生产年度监督检查计划，并按照年度监督检查计划进行监督检查，发现事故隐患，应当及时处理。

国务院负责安全生产监督管理的部门对全国建设工程安全生产工作实施综合监督管理。县级以上地方人民政府负责安全生产监督管理的部门对本行政区域内建设工程安全生产工作实施综合监督管理。

国务院建设行政主管部门对全国的建设工程安全生产实施监督管理。国务院铁路、交通、水利等有关部门按照国务院规定的职责分工，负责有关专业建设工程安全生产的监督管理。县级以上地方人民政府建设行政主管部门对本行政区域内的建设工程安全生产实施监督管理。县级以上地方人民政府交通、水利等有关部门在各自的职责范围内，负责本行政区域内的专业建设工程安全生产的监督管理。

3. 安全生产责任制度

安全生产责任制度就是对各级负责人、各职能部门以及各类施工人员在管理和施工过程中，应当承担的责任做出明确的规定。具体来说，就是将安全生产责任分解到施工单位的主要负责人、项目负责人、班组长以及每个岗位的作业人员身上。

安全生产责任制度是施工企业最基本的安全管理制度，是施工企业安全生产管理的核心和中心环节。

特种作业人员应当遵守安全生产规章制度，服从管理，坚守岗位，遵守操作规程，不违章作业，对本工作岗位的安全生产、文明施工负主要责任。特种作业安全生产责任制主要包括以下内容：

（1）认真贯彻、执行国家和省市有关建筑安全生产的方针、政策、法律法规、规章、标准规范和规范性文件；

（2）认真学习、掌握本岗位安全操作技能，提高安全意识和自我保护能力；

（3）严格遵守本单位各项安全生产规章制度；

（4）遵守劳动纪律，不违章作业，拒绝违章指挥；

（5）积极参加本班组的班前安全活动；

（6）严格按照操作规程和安全技术交底进行作业；

（7）正确使用安全防护用具、机械设备；

（8）发生安全生产事故后，保护好事故现场，并按照规定的程序及时如实报告。

4. 安全生产教育培训制度

《建筑法》第四十六条规定："建筑施工企业应当建立健全劳动安全生产教育培训制度，加强对职工安全生产的教育培训，未经安全生产教育培训的人员，不得上岗作业"；除进行一般安全教育外，特种作业人员培训还要执行《特种作业人员安全技术培训考核管理规定》的有关规定，按国家、行业、地方和企业规定进行本工种专业培训、资格考核、取得《特种作业人员操作证》后上岗。

教育培训按等级、层次和工作性质分别进行，管理人员的重点是安全生产意识和安全管理水平，操作者的重点是遵章守纪、自我保护和提高防范事故的能力。新工人（包括合同工、临时工、学徒工、实习和代培人员）必须进行公司、工地和班组的三级安全教育。教育内容包括安全生产方针、政策、法规、标准及安全技术知识、设备性能、操作规程、安全制度、严禁事项及本工种的安全操作规程。电工、焊工、架子工、司炉工、爆破工、机操工及起重工、打桩机和各种机动车辆司机等特殊工种工人，除进行一般安全教育外，还要经过本工程的专业安全技术教育。采用新工艺、新技术、新设备施工及调换工作岗位时，对操作人员进行新技术、新岗位的安全教育。

（1）工人三级安全教育

对新工人或调换工种的工人，必须按规定进行安全教育和技术培训，经考核合格，方准上岗。

三级安全教育是每个刚进企业的新工人必须接受的首次安全生产方面的基本教育，三级安全教育是指公司（即企业）、项目（或工程处、施工处、工区）、班组这三级。对新工人或调换工种的工人，必须按规定进行安全教育和技术培训，经考核合格，方准上岗。

1）公司级。新工人在分配到施工队之前，必须进行初步的安全教育。教育内容如下：

① 劳动保护的意义和任务的一般教育；

② 安全生产方针、政策、法规、标准、规范、规程和安全知识；

③ 企业安全规章制度等。

2）项目（或工程处、施工处、工区）级。项目教育是新工人被分配到项目以后进行的安全教育。教育内容如下：

① 建安工人安全生产技术操作一般规定；

② 施工现场安全管理规章制度；

③ 安全生产纪律和文明生产要求；

④ 在施工程基本情况，包括现场环境、施工特点，可能存在不安全因素的危险作业部位及必须遵守的事项。

3）班组级。岗位教育是新工人分配到班组后，开始工作前的一级教育。教育内容如下：

① 本人从事施工生产工作的性质，必要的安全知识，机具设施及安全防护设施的性能和作用；

② 本工种安全操作规程；

③ 班组安全生产、文明施工基本要求和劳动纪律；

④ 本工种事故案例剖析、易发事故部位及劳防用品的使用要求。

4）三级教育的要求

① 三级教育一般由企业的安全、教育、劳动、技术等部门配合进行。

② 受教育者必须经过考试合格后才准予进入生产岗位。

③ 给每一名职工建立职工劳动保护教育卡，记录三级教育、变换工种教育等教育考核情况，并由教育者和受教育者双方签字后入册。

（2）特种作业人员培训

除进行一般安全教育外，还要执行《特种作业人员安全技术培训考核管理规定》，按国家、行业、地方和企业规定进行本工种专业培训、资格考核，取得《特种作业人员操作证》后上岗。

（3）特定情况下的安全教育

1）季节性，如冬期、暑期、雨雪期、汛台期施工；

2）节假日前后；

3）节假日加班或突击赶任务；

4）工作对象改变；

5）工种变换；

6）新工艺、新材料、新技术、新设备施工；

7）发现事故隐患或发生事故后；

8）新进入现场等。

（4）三类人员的安全培训教育

施工单位的主要负责人是安全生产的第一责任人，必须经过考核合格后，做到持证上岗。在施工现场，项目负责人是施工项目安全生产的第一责任者，也必须持证上岗，加强对队伍培训，使安全管理规范化。

（5）安全生产的经常性教育

企业在做好新工人入场教育、特种作业人员安全生产教育和各级领导干部、安全管理干部的安全生产培训的同时，还必须把经常性的安全教育贯穿于管理工作的全过程，并根据接受教育对象的不同特点，采取多层次、多渠道和多种方法进行。安全生产宣传教育多种多样，应贯彻及时性、严肃性、真实性、做到简明、醒目，具体形式如下：

1）施工现场（车间）入口处的安全纪律牌。

2）举办安全生产训练班、讲座、报告会、事故分析会。

3）建立安全保护教育室，举办安全保护展览。

4）举办安全广播，印发安全简报、通报等，办安全黑板报、宣传栏。

5）张挂安全保护挂图或宣传画、安全标志和标语口号。

6）举办安全保护文艺演出、放映安全保护音像制品。

7）组织家属做职工安全生产思想工作。

（6）班前安全活动

班组长在班前进行上岗交流，上岗教育，做好上岗记录。

1）上岗交底：当天的作业环境、气候情况，主要工作内容和各个环节的操作安全要求，以及特殊工种的配合等。

2）上岗检查：查上岗人员的劳动防护情况，每个岗位周围作业环境是否安全无患，机械设备的安全保险装置是否完好有效，以及各类安全技术措施的落实情况等。

5. 特种作业人员持证上岗制度

《建设工程安全生产管理条例》第二十五条规定：垂直运输机械作业人员、起重机械安装拆卸工、爆破作业人员、起重信号工、登高架设作业人员等特种作业人员，必须按照国家有关规定经过专门的安全作业培训，并取得特种作业操作资格证书后，方可上岗作业。

生产经营单位特种作业人员的安全技术培训、考核、发证、复审及其监督管理工作，必须符合《特种作业人员安全技术培训考核管理规定》。特种作业人员必须经专门的安全技术培训并考核合格，取得"中华人民共和国特种作业操作证"（以下简称特种作业操作证）后，方可上岗作业。

（1）特种作业的定义

特种作业是指容易发生事故，对操作者本人、他人的安全健康及设备、设施的安全可能造成重大危害的作业。

（2）特种作业人员的基本条件

特种作业人员，是指直接从事特种作业的从业人员。应当符合下列条件：

1）年满 18 周岁，且不超过国家法定退休年龄。

2）经社区或者县级以上医疗机构体检健康合格，并无妨碍从事相应特种作业的器质性心脏病、癫痫病、美尼尔氏症、眩晕症、癔症、震颤麻痹症、精神病、痴呆症以及其他疾病和生理缺陷。

3）具有初中及以上文化程度。

4）具备必要的安全技术知识与技能。

5）相应特种作业规定的其他条件。

（3）考核、发证、复审

特种作业人员的安全技术培训、考核、发证、复审工作实行统一监管、分级实施、教考分离的原则。

国家安全生产监督管理总局指导、监督全国特种作业人员的安全技术培训、考核、发证、复审工作；省、自治区、直辖市人民政府安全生产监督管理部门负责本行政区域特种作业人员的安全技术培训、考核、发证、复审工作。

省、自治区、直辖市人民政府安全生产监督管理部门或者指定的机构可以委托设区的市人民政府安全生产监督管理部门和负责煤矿特种作业人员考核发证工作的部门或者指定的机构实施特种作业人员的安全技术培训、考核、发证、复审工作。

特种作业人员的考核包括考试和审核两部分。考试由考核发证机关或其委托的单位负责；审核由考核发证机关负责。

特种作业操作资格考试包括安全技术理论考试和实际操作考试两部分。考试不及格的，允许补考 1 次。经补考仍不及格的，重新参加相应的安全技术培训。

特种作业操作证每 3 年复审 1 次。特种作业人员在特种作业操作证有效期内，连续从事本工种 10 年以上，严格遵守有关安全生产法律法规的，经原考核发证机关或者从业所在地考核发证机关同意，特种作业操作证的复审时间可以延长至每 6 年 1 次。

离开特种作业岗位 6 个月以上的特种作业人员，应当重新进行实际操作考试，经确认合格后方可上岗作业。

6. 专项施工方案管理制度

依据《建设工程安全生产管理条例》第二十六条和《危险性较大的分部分项工程安全管理办法》的规定，施工单位应当在危险性较大的分部分项工程施工前编制专项方案；对于超过一定规模的危险性较大的分部分项工程，施工单位应当组织专家对专项方案进行论证。危险性较大的分部分项工程是指房屋建筑和市政基础设施工程在施工过程中容易导致人员群死群伤或者造成重大经济损失的分部分项工程。危险性较大的分部分项工程安全专项施工方案（以下简称"专项方案"），是指施工单位在编制施工组织（总）设计的基础上，针对危险性较大的分部分项工程单独编制的安全技术措施文件。

建设单位在申请领取施工许可证或办理安全监督手续时，应当提供危险性较大的分部分项工程清单和安全管理措施。施工单位、监理单位应当建立危险性较大的分部分项工程（以下简称"危大工程"）安全管理制度。施工单位应当在危大工程施工前组织工程技术人员编制专项施工方案，实行施工总承包的，专项施工方案应当由施工总承包单位组织编制。危大工程实行分包的，专项施工方案可以由相关专业分包单位组织编制。

专项施工方案应当由施工单位技术负责人审核签字、加盖单位公章，并由总监理工程师审查签字、加盖执业印章后方可实施。危大工程实行分包并由分包单位编制专项施工方案的，专项施工方案应当由总承包单位技术负责人及分包单位技术负责人共同审核签字并加盖单位公章。

对于超过一定规模的危大工程，施工单位应当组织召开专家论证会对专项施工方案进行论证。实行施工总承包的，由施工总承包单位组织召开专家论证会。专家论证前专项施工方案应当通过施工单位审核和总监理工程师审查。专家论证会后，应当形成论证报告，对专项施工方案提出通过、修改后通过或者不通过的一致意见。专家对论证报告负责并签字确认。专项施工方案经论证需修改后通过的，施工单位应当根据论证报告修改完善后，重新履行审核程序。专项施工方案经论证不通过的，施工单位修改后应当按照本规定的要求重新组织专家论证。

施工单位应当在施工现场显著位置公告危大工程名称、施工时间和具体责任人员，并在危险区域设置安全警示标志。专项施工方案实施前，编制人员或者项目技术负责人应当向施工现场管理人员进行方案交底。施工现场管理人员应当向作业人员进行安全技术交底，并由双方和项目专职安全生产管理人员共同签字确认。

施工单位应当严格按照专项施工方案组织施工，不得擅自修改专项施工方案。因规划调整、设计变更等原因确需调整的，修改后的专项施工方案应当重新审核和论证。

施工单位应当对危大工程施工作业人员进行登记，项目负责人应当在施工现场履职。项目专职安全生产管理人员应当对专项施工方案实施情况进行现场监督，对未按照专项施工方案施工的，应当要求立即整改，并及时报告项目负责人，项目负责人应当及时组织限期整改。施工单位应当按照规定对危大工程进行施工监测和安全巡视，发现危及人身安全的紧急情况，应当立即组织作业人员撤离危险区域。

监理单位应当结合危大工程专项施工方案编制监理实施细则，并对危大工程施工实施专项巡视检查。监理单位发现施工单位未按照专项施工方案施工的，应当要求其进行整改；情节严重的，应当要求其暂停施工，并及时报告建设单位。施工单位拒不整改或者不停止施工的，监理单位应当及时报告建设单位和工程所在地住房和城乡建设主管部门。

对于按照规定需要验收的危大工程，施工单位、监理单位应当组织相关人员进行验收。验收合格的，经施工单位项目技术负责人及总监理工程师签字确认后，方可进入下一道工序。危大工程验收合格后，施工单位应当在施工现场明显位置设置验收标识牌，公示验收时间及责任人员。

施工、监理单位应当建立危大工程安全管理档案。施工单位应当将专项施工方案及审核、专家论证、交底、现场检查、验收及整改等相关资料纳入档案管理。监理单位应当将监理实施细则、专项施工方案审查、专项巡视检查、验收及整改等相关资料纳入档案管理。

7. 建筑起重机械安全监督管理制度

建筑起重机械，是指纳入特种设备目录，在房屋建筑工地和市政工程工地安装、拆卸、使用的起重机械。《建设工程安全生产管理条例》第三十五条规定：施工单位应当自施工起重机械和整体提升脚手架、模板等自升式架设设施验收合格之日起30日内，向建设行政主管部门或者其他有关部门登记。登记标志应当置于或者附着于该设备的显著位置。该条内容规定了施工起重机械使用时必须进行登记的管理制度。《建筑起重机械安全监督管理规定》中，对建筑起重机械的租赁、安装、拆卸、使用及其监督管理进行了详细规定。

国务院建设行政主管部门对全国建筑起重机械的租赁、安装、拆卸、使用实施监督管理。县级以上地方人民政府建设行政主管部门对本行政区域内的建筑起重机械的租赁、安装、拆卸、使用实施监督管理。

出租单位出租的建筑起重机械和使用单位购置、租赁、使用的建筑起重机械应当具有特种设备制造许可证、产品合格证、制造监督检验证明。出租单位在建筑起重机械首次出租前，自购建筑起重机械的使用单位在建筑起重机械首次安装前，应当持建筑起重机械特种设备制造许可证、产品合格证和制造监督检验证明到本单位工商注册所在地县级以上地方人民政府建设行政主管部门办理备案。出租单位应当在签订的建筑起重机械租赁合同中，明确租赁双方的安全责任，并出具建筑起重机械特种设备制造许可证、产品合格证、制造监督检验证明、备案证明和自检合格证明，提交安装使用说明书。

出租单位、自购建筑起重机械的使用单位，应当建立建筑起重机械安全技术档案。

从事建筑起重机械安装、拆卸活动的单位（以下简称安装单位）应当依法取得建设行政主管部门颁发的相应资质和建筑施工企业安全生产许可证，并在其资质许可范围内承揽建筑起重机械安装、拆卸工程。

建筑起重机械使用单位和安装单位应当在签订的建筑起重机械安装、拆卸合同中明确双方的安全生产责任。实行施工总承包的，施工总承包单位应当与安装单位签订建筑起重机械安装、拆卸工程安全协议书。

安装单位应当按照建筑起重机械安装、拆卸工程专项施工方案及安全操作规程组织安装、拆卸作业。安装单位的专业技术人员、专职安全生产管理人员应当进行现场监督，技术负责人应当定期巡查。建筑起重机械安装完毕后，安装单位应当按照安全技术标准及安装使用说明书的有关要求对建筑起重机械进行自检、调试和试运转。自检合格的，应当出具自检合格证明，并向使用单位进行安全使用说明。

安装单位应当建立建筑起重机械安装、拆卸工程档案。

建筑起重机械安装完毕后，使用单位应当组织出租、安装、监理等有关单位进行验收，或者委托具有相应资质的检验检测机构进行验收。建筑起重机械经验收合格后方可投入使用，未经验收或者验收不合格的不得使用。实行施工总承包的，由施工总承包单位组织验收。

建筑起重机械在验收前应当经有相应资质的检验检测机构监督检验合格。检验检测机构和检验检测人员对检验检测结果、鉴定结论依法承担法律责任。

使用单位应当自建筑起重机械安装验收合格之日起 30 日内，将建筑起重机械安装验收资料、建筑起重机械安全管理制度、特种作业人员名单等，同工程所在地县级以上地方人民政府建设行政主管部门办理建筑起重机械使用登记。登记标志置于或者附着于该设备的显著位置。

使用单位应当对在用的建筑起重机械及其安全保护装置、吊具、索具等进行经常性和定期的检查、维护和保养，并做好记录。使用单位在建筑起重机械租期结束后，应当将定期检查、维护和保养记录移交出租单位。

建筑起重机械租赁合同对建筑起重机械的检查、维护、保养另有约定的，从其约定。建筑起重机械在使用过程中需要附着的，使用单位应当委托原安装单位或者具有相应资质的安装单位按照专项施工方案实施，并按照规定组织验收。验收合格后方可投入使用。建筑起重机械在使用过程中需要顶升的，使用单位委托原安装单位或者具有相应资质的安装单位按照专项施工方案实施后，即可投入使用。禁止擅自在建筑起重机械上安装非原制造厂制造的标准节攀附着装置。

建筑起重机械安装拆卸工、起重信号工、起重司机、司索工等特种作业人员应当经建设行政主管部门考核合格，并取得特种作业操作资格证书后，方可上岗作业。建筑起重机械特种作业人员应当遵守建筑起重机械安全操作规程和安全管理制度，在作业中有权拒绝违章指挥和强令冒险作业，有权在发生危及人身安全的紧急情况时立即停止作业或者采取必要的应急措施后撤离危险区域。

8. 施工现场消防安全制度

施工单位应针对施工现场可能导致火灾发生的施工作业及其他活动，制订消防安全管理制度。消防安全管理制度应包括下列主要内容：消防安全教育与培训制度；可燃及易燃易爆危险品管理制度；用火、用电、用气管理制度；消防安全检查制度；应急预案演练制度。

（1）消防安全教育与培训制度

施工人员进场时，施工现场的消防安全管理人员应向施工人员进行消防安全教育和培训。消防安全教育和培训应包括下列内容：

1）施工现场消防安全管理制度、防火技术方案、灭火及应急疏散预案的主要内容。

2）施工现场临时消防设施的性能及使用、维护方法。

3）扑灭初起火灾及自救逃生的知识和技能。

4）报警、接警的程序和方法。

施工单位应编制施工现场防火技术方案，并应根据现场情况变化及时对其修改、完善。施工作业前，施工现场的施工管理人员应向作业人员进行消防安全技术交底。

（2）可燃及易燃易爆危险品管理制度

用于在建工程的保温、防水、装饰及防腐等材料的燃烧性能等级应符合设计要求。

可燃材料及易燃易爆危险品应按计划限量进场。进场后，可燃材料宜存放于库房内，露天存放时，应分类成垛堆放，垛高不应超过 2m，单垛体积不应超过 50m³，垛与垛之间的最小间距不应小于 2m，且应采用不燃或难燃材料覆盖；易燃易爆危险品应分类专库储存，库房内应通风良好，并应设置严禁明火标志。

室内使用油漆及其有机溶剂、乙二胺、冷底子油等易挥发产生易燃气体的物资作业时，应保持良好通风，作业场所严禁明火，并应避免产生静电。

施工产生的可燃、易燃建筑垃圾或余料，应及时清理。

(3) 用火、用电、用气管理制度

1) 施工现场用火应符合下列规定：

动火作业应办理动火许可证，动火许可证的签发人收到动火申请后，应前往现场查验并确认动火作业的防火措施落实后，再签发动火许可证。动火操作人员应具有相应资格。

焊接、切割、烘烤或加热等动火作业前，应对作业现场的可燃物进行清理，作业现场及其附近无法移走的可燃物应采用不燃材料对其覆盖或隔离。焊接、切割、烘烤或加热等动火作业时应配备灭火器材，并应设置动火监护人进行现场监护，每个动火作业点均应设置 1 个监护人。五级（含五级）以上风力时，应停止焊接、切割等室外动火作业；确需动火作业时，应采取可靠的挡风措施。

施工作业安排时，宜将动火作业安排在使用可燃建筑材料的施工作业前进行。确需在使用可燃建筑材料的施工作业之后进行动火作业时，应采取可靠的防火措施。

裸露的可燃材料上严禁直接进行动火作业，具有火灾、爆炸危险的场所严禁明火，施工现场不应采用明火取暖。

动火作业后，应对现场进行检查，并应在确认无火灾危险后，动火操作人员再离开。

厨房操作间炉灶使用完毕后，应将炉火熄灭，排油烟机及油烟管道应定期清理油垢。

2) 施工现场用电应符合下列规定：

施工现场供用电设施的设计、施工、运行和维护应符合现行国家标准《建设工程施工现场供用电安全规范》GB 50194 的有关规定。

电气线路应具有相应的绝缘强度和机械强度，严禁使用绝缘老化或失去绝缘性能的电气线路，严禁在电气线路上悬挂物品。破损、烧焦的插座、插头应及时更换。

电气设备与可燃、易燃易爆危险品和腐蚀性物品应保持一定的安全距离。有爆炸和火灾危险的场所，应按危险场所等级选用相应的电气设备。电气设备不应超负荷运行或带故障使用。

配电屏上每个电气回路应设置漏电保护器、过载保护器，距配电屏2m范围内不应堆放可燃物，5m范围内不应设置可能产生较多易燃、易爆气体、粉尘的作业区。

可燃材料库房不应使用高热灯具，易燃易爆危险品库房内应使用防爆灯具。普通灯具与易燃物的距离不宜小于300mm，聚光灯、碘钨灯等高热灯具与易燃物的距离不宜小于500mm。

严禁私自改装现场供用电设施。应定期对电气设备和线路的运行及维护情况进行检查。

3）施工现场用气应符合下列规定：

储装气体的罐瓶及其附件应合格、完好和有效；严禁使用减压器及其他附件缺损的氧气瓶，严禁使用乙炔专用减压器、回火防止器及其他附件缺损的乙炔瓶。

气瓶运输、存放、使用时，应保持直立状态，并采取防倾倒措施，乙炔瓶严禁横躺卧放，燃气储装瓶罐应设置防静电装置，严禁碰撞、敲打、抛掷、滚动气瓶。气瓶应远离火源，与火源的距离不应小于10m，并应采取避免高温和防止暴晒的措施。

气瓶应分类储存，库房内应通风良好；空瓶和实瓶同库存放时，应分开放置，空瓶和实瓶的间距不应小于1.5m。

气瓶使用前，应检查气瓶及气瓶附件的完好性，检查连接气路的气密性，并采取避免气体泄漏的措施，严禁使用已老化的橡皮气管。氧气瓶与乙炔瓶的工作间距不应小于5m，气瓶与明火作业点的距离不应小于10m。冬季使用气瓶，气瓶的瓶阀、减压器等发生冻结时，严禁用火烘烤或用铁器敲击瓶阀，严禁猛拧减压器的调节螺丝。氧气瓶内剩余气体的压力不应小于0.1MPa。

气瓶用后应及时归库。

（4）消防安全检查制度

施工过程中，施工现场消防安全负责人应定期组织消防安全管理人员对施工现场的消防安全进行检查。

（5）应急预案演练制度

施工单位应编制施工现场灭火及应急疏散预案，并定期组织应急演练。

9. 生产安全事故报告制度

《建设工程安全生产管理条例》第五十条对建设工程生产安全事故报告制度的规定为：施工单位发生生产安全事故，应当按照国家有关伤亡事故报告和调查处理的规定，及时、如实地向负责安全生产监督管理的部门、建设行政主管部门或者其他有关部门报告；特种设备发生事故的，还应当同时向特种设备安全监督管理部门报告。接到报告的部门应当按照国家有关规定，如实上报。

本条是关于发生伤亡事故时的报告义务的规定。

一旦发生安全事故，及时报告有关部门是及时组织抢救的基础，也是认真进行调查分清责任的基础。因此，施工单位在发生安全事故时，不能隐瞒事故情况。

对于生产安全事故报告制度，我国《安全生产法》《建筑法》等对生产安全事故报告作了相应的规定。如《安全生产法》第八十三条规定：生产经营单位发生生产安全事故后，事故现场有关人员应当立即报告本单位负责人。单位负责人接到事故报告后，应当迅速采取有效措施，组织抢救，防止事故扩大，减少人员伤亡和财产损失，并按照国家有关规定立即如实报告当地负有安全生产监督管理职责的部门，不得隐瞒不报、谎报或者迟报，不得故意破坏事故现场、毁灭有关证据。《建筑法》

第五十一条规定：施工中发生事故时，建筑施工企业应当采取紧急措施减少人员伤亡和事故损失，并按照国家有关规定及时向有关部门报告。

施工单位发生生产安全事故，应当按照国家有关伤亡事故报告和调查处理的规定，及时、如实地向负责安全生产监督管理的部门、建设行政主管部门或者其他有关部门报告。负责安全生产监督管理的部门对全国的安全生产工作负有综合监督管理的职能，因此，其必须了解企业事故的情况。同时，有关调查处理的工作也需要由其来组织，所以施工单位应当向负责安全生产监督管理的部门报告事故情况。建设行政主管部门是建设安全生产的监督管理部门，对建设安全生产实行的是统一的监督管理，因此，各个行业的建设施工中出现了安全事故，都应当向建设行政主管部门报告。对于在专业工程的施工中出现生产安全事故的，由于有关的专业主管部门也承担着对建设安全生产的监督管理职能，因此，专业工程出现安全事故，还需要向有关行业主管部门报告。

《生产安全事故报告和调查处理条例》对安全事故的报告和调查处理进行了明确的规定。

事故报告应当及时、准确、完整，任何单位和个人对事故不得迟报、漏报、谎报或者瞒报。县级以上人民政府应当依照本条例的规定，严格履行职责，及时、准确地完成事故调查处理工作。事故发生地有关地方人民政府应当支持、配合上级人民政府或者有关部门的事故调查处理工作，并提供必要的便利条件。参加事故调查处理的部门和单位应当互相配合，提高事故调查处理工作的效率。

生产安全事故报告程序如下：

（1）事故发生后，事故现场有关人员应当立即向本单位负责人报告；单位负责人接到报告后，应当于 1h 内向事故发生地县级以上人民政府安全生产监督管理部门和负有安全生产监督管理职责的有关部门报告。

（2）情况紧急时，事故现场有关人员可以直接向事故发生地县级以上人民政府安全生产监督管理部门和负有安全生产监督管理职责的有关部门报告。

（3）安全生产监督管理部门和负有安全生产监督管理职责的有关部门接到事故报告后，应当依照下列规定上报事故情况，并通知公安机关、劳动保障行政部门、工会和人民检察院：特别重大事故、重大事故逐级上报至国务院安全生产监督管理部门和负有安全生产监督管理职责的有关部门；较大事故逐级上报至省、自治区、直辖市人民政府安全生产监督管理部门和负有安全生产监督管理职责的有关部门；一般事故上报至设区的市级人民政府安全生产监督管理部门和负有安全生产监督管理职责的有关部门。

（4）安全生产监督管理部门和负有安全生产监督管理职责的有关部门依照前款规定上报事故情况，应当同时报告本级人民政府。国务院安全生产监督管理部门和负有安全生产监督管理职责的有关部门以及省级人民政府接到发生特别重大事故、重大事故的报告后，应当立即报告国务院。

（5）必要时，安全生产监督管理部门和负有安全生产监督管理职责的有关部门可以越级上报事故情况。

（6）安全生产监督管理部门和负有安全生产监督管理职责的有关部门逐级上报事故情况，每级上报的时间不得超过 2h。

（7）报告事故应当包括下列内容：事故发生单位概况；事故发生的时间、地点以及事故现场情况；事故的简要经过；事故已经造成或者可能造成的伤亡人数（包括下落不明的人数）和初步估计的直接经济损失；已经采取的措施；其他应当报告的情况。事故报告后出现新情况的，应当及时补报。

（8）自事故发生之日起 30d 内，事故造成的伤亡人数发生变化的，应当及时补报。道路交通事故、火灾事故自发生之日起 7d 内，事故造成的伤亡人数发生变化的，应当及时补报。

（9）事故发生单位负责人接到事故报告后，应当立即启动事故相应应急预案，或者采取有效措施，组织抢救，防止事故扩大，减少人员伤亡和财产损失。

（10）事故发生地有关地方人民政府、安全生产监督管理部门和负有安全生产监督管理职责的有关部门接到事故报告后，其负责人应当立即赶赴事故现场，组织事故救援。

（11）事故发生后，有关单位和人员应当妥善保护事故现场以及相关证据，任何单位和个人不得破坏事故现场、毁灭相关证据。

因抢救人员、防止事故扩大以及疏通交通等原因，需要移动事故现场物件的，应当做出标志，绘制现场简图并做出书面记录，妥善保存现场重要痕迹、物证。

（12）事故发生地公安机关根据事故的情况，对涉嫌犯罪的，应当依法立案侦查，采取强制措施和侦查措施。犯罪嫌疑人逃匿的，公安机关应当迅速追捕归案。

（13）安全生产监督管理部门和负有安全生产监督管理职责的有关部门应当建立值班制度，并向社会公布值班电话，受理事故报告和举报。

《建设工程安全生产管理条例》还规定了实行施工总承包的施工单位发生生产安全事故时的报告义务主体。其中第二十四条规定：建设工程实行施工总承包的，由总承包单位对施工现场的安全生产负总责。因此，一旦发生生产安全事故，施工总承包单位应当负起及时报告的义务。

10. 生产安全事故应急救援制度

（1）应急救援预案的主要规定

1）县级以上地方各级人民政府应当组织有关部门制定本行政区域内生产安全事故应急救援预案，建立应急救援体系。

2）县级以上地方人民政府建设行政主管部门应当根据本级人民政府的要求，制定本行政区域内建设工程特大生产安全事故应急救援预案。

3）施工单位应当制定本单位生产安全事故应急救援预案，建立应急救援组织或者配备应急救援人员，配备必要的应急救援器材、设备，并定期组织演练。

4）施工单位应当根据建设工程施工的特点、范围，对施工现场易发生重大事故的部位、环节进行监控，制定施工现场生产安全事故应急救援预案。实行施工总承包的，由总承包单位统一组织编制建设工程生产安全事故应急救援预案，工程总承包单位和分包单位按照应急救援预案，各自建立应急救援组织或者配备应急救援人员，配备救援器材、设备，并定期组织演练。

（2）现场应急预案的编制和管理

1）编制、审核和确认

① 现场应急预案的编制

应急预案的编制应与安保计划同步编写。根据对危险源与不利环境因素的识别结果，确定可能发生的事故或紧急情况的控制措施失效时所采取的补充措施和抢救行动，以及针对可能随之引发的伤害和其他影响所采取的措施。

应急预案是规定事故应急救援工作的全过程的方案，适用于项目部施工现场范围内可能出现的事故或紧急情况的救援和处理。

应急预案中应明确应急救援组织、职责和人员的安排，应急救援器材，设备的准备和平时的维护保养；应明确在作业场所发生事故时，如何组织抢救，保护事故现场的安排，其中应明确如何抢救，使用什么器材，设备以及保护事故现场的安排；应明确内部和外部联系的方法、渠道，明确在多少时间内由谁如何向企业上级、政府主管部门和其他有关部门报告，如何联系有关的近邻及消防、救险、医疗等单位；还应明确工作场所内全体人员如何疏散。

应急救援的方案在上级批准以后，项目部还应该根据实际情况定期和不定期举行应急救援的演练，检验应急准备工作的能力。

② 现场应急预案的审核和确认

由施工现场项目经理部的上级有关部门，对应急预案的适宜性进行审核和确认。

2）现场应急救援预案的内容

应急救援预案可以包括下列内容，但不局限于下列内容：

① 目的；

② 适用范围；

③ 引用的相关文件；

④ 应急准备：领导小组组长、副组长及联系电话，组员、办公场所（指挥中心）及电话；项目经理部应急救援指挥流程图；急救工具、用具（列出急救的器材，名称）；

⑤ 应急响应：

a. 一般事故的应急响应

当事故或紧急情况发生后，应明确由谁向谁汇报，同时采取什么措施防止事态扩大。

现场领导如何组织处理，同时，在多少时间内向公司领导或主管部门汇报。

b. 重大事故的应急响应

重大事故发生后，由谁在最短时间内向项目领导汇报，如何组织抢救，由谁指挥，配合对伤员、财物的急救处理，防止事故扩大。

项目部立即汇报：向内汇报，多少时间，报告哪个部门，报告的内容；向外报告；什么事故可以由项目部门直接向外报警，什么事故应由项目部门上级公司向有关部门上报。

⑥ 演练和预案的评价及修改：

项目部还应规定平时定期演练的要求和具体项目。

演练或事故发生后，对应急救援预案的实际效果进行评价和修改预案的要求。

11. 工伤保险制度

《建筑法》第四十八条规定，建筑施工企业应当依法为职工参加工伤保险缴纳工伤保险费。鼓励企业为从事危险作业的职工办理意外伤害保险，支付保险费。这也是保护建筑业从业人员合法权益，转移企业事故风险，增强企业预防和控制事故能力，促进企业安全生产的重要手段。

为贯彻落实党中央、国务院关于切实保障和改善民生的要求，依据《社会保险法》《建筑法》《安全生产法》《职业病防治法》和《工伤保险条例》等法律法规规定，人力资源和社会保障部、住房和城乡建设部、安全监管总局、全国总工会等部门联合下发了《关于进一步做好建筑业工伤保险工作的意见》，就建筑业工伤保险相关纠纷问题做出了具体而细致的规定。

（1）完善符合建筑业特点的工伤保险参保政策，大力扩展建筑企业工伤保险参保覆盖面。建筑施工企业应依法参加工伤保险。针对建筑行业的特点，建筑施工企业对相对固定的职工，应按用人单位参加工伤保险；对不能按用人单位参保、建筑项目使用的建筑业职工特别是农民工，按项目参加工伤保险。房屋建筑和市政基础设施工程实行以建设项目为单位参加工伤保险的，可在各项社会保险中优先办理参加工伤保险手续。建设单位在办理施工许可手续时，应当提交建设项目工伤保险参保证明，作为保证工程安全施工的具体措施之一；安全施工措施未落实的项目，各地住房和城乡建设行政主管部门不予核发施工许可证。

（2）完善工伤保险费计缴方式。按用人单位参保的建筑施工企业应以工资总额为基数依法缴纳工伤保险费。以建设项目为单位参保的，可以按照项目工程总造价的一定比例计算缴纳工伤保险费。

（3）科学确定工伤保险费率。各地区人力资源社会保障部门应参照本地区建筑企业行业基准费率，按照以支定收、收支平衡原则，由住房和城乡建设行政主管部门合理确定建设项目工伤保险缴费比例。要充分运用工伤保险浮动费率机制，根据各建筑企业工伤事故发生率、工伤保险基金使用等情况适时、适当调整费率，促进企业加强安全生产，预防和减少工伤事故发生。

（4）确保工伤保险费用来源。建设单位要在工程概算中将工伤保险费用单独列支，作为不可竞争费，不参与竞标，并在项目开工前由施工总承包单位一次性代缴本项目工伤保险费，覆盖项目使用的所有职工，包括专业承包单位、劳务分包单位使用的农民工。

（5）健全工伤认定所涉及劳动关系确认机制。建筑施工企业应依法与其职工签订劳动合同，加强施工现场劳务用工管理。施工总承包单位应当在工程项目施工期内督促专业承包单位、劳务分包单位建立职工花名册、考勤记录、工资发放表等台账，对项目施工期内全部施工人员实行动态实名制管理。施工人员发生工伤后，以劳动合同为基础确认劳动关系。对未签订劳动合同的，由人力资源社会保障部门参照工资支付凭证或记录、工作证、招工登记表、考勤记录及其他劳动者证言等证据，确认事实劳动关系。相关方面应积极提供有关证据；按规定应由用人单位负举证责任而用人单位不提供的，应当承担不利后果。

（6）规范和简化工伤认定和劳动能力鉴定程序。职工发生工伤事故，应当由其所在用人单位在30日内提出工伤认定申请，施工总承包单位应当密切配合并提供参保证明等相关材料。用人单位未在规定时限内提出工伤认定申请的，职工本人或其近亲属、工会组织可以在1年内提出工伤认定申请，经社会保险行政部门调查确认工伤的，在此期间发生的工伤待遇等有关费用由其所在用人单位负担。各地社会保险行政部门和劳动能力鉴定机构要优化流程，简化手续，缩短认定、鉴定时间。对于事实清楚、权利义务关系明确的工伤认定申请，应当自受理工伤认定申请之日起15日内作出工伤认定决定。探索建立工伤认定和劳动能力鉴定相关材料网上申报、审核和送达办法，提高工作效率。

（7）完善工伤保险待遇支付政策。对认定为工伤的建筑业职工，各级社会保险经办机构和用人单位应依法按时足额支付各项工伤保险待遇。对在参保项目施工期间发生工伤、项目竣工时尚未完成工伤认定或劳动能力鉴定的建筑业职工，其所在用人单位要继续保证其医疗救治和停工期间的法定待遇，待完成工伤认定及劳动能力鉴定后，依法享受参保职工的各项工伤保险待遇；其中应由用人单位支付的待遇，工伤职工所在用人单位要按时足额支付，也可根据其意愿一次性支付。针对建筑业工资收入分配的特点，对相关工伤保险待遇中难以按本人工资作为计发基数的，可以参照统筹地区上年度职工平均工资作为计发基数。

（8）落实工伤保险先行支付政策。未参加工伤保险的建设项目，职工发生工伤事故，依法由职工所在用人单位支付工伤保险待遇，施工总承包单位、建设单位承担连带责任；用人单位和承担连带责任的施工总承包单位、建设单位不支付的，由工伤保险基金先行支付，用人单位和承担连带责任的施工总承包单位、建设单位应当偿还；不偿还的，由社会保险经办机构依法追偿。

（9）建立健全工伤赔偿连带责任追究机制。建设单位、施工总承包单位或具有用工主体资格的分包单位将工程（业务）发包给不具备用工主体资格的组织或个人，该组织或个人招用的劳动者发生工伤的，发包单位与不具备用工主体资格的组织或个人承担连带赔偿责任。

（10）加强工伤保险政策宣传和培训。施工总承包单位应当按照项目所在地人力资源社会保障部门统一规定的式样，制作项目参加工伤保险情况公示牌，在施工现场显著位置予以公示，并安排有关工伤预防及工伤保险政策讲解的培训课程，保障广大建筑业职工特别是农民工的知情权，增强其依法维权意识。

各地人力资源社会保障部门要会同有关部门加大工伤保险政策宣传力度，让广大职工知晓其依法享有的工伤保险权益及相关办事流程。开展工伤预防试点的地区可以从工伤保险基金提取一定比例用于工伤预防，各地人力资源社会保障部门应会同住房和城乡建设行政部门积极开展建筑业工伤预防的宣传和培训工作，并将建筑业职工特别是农民工作为宣传和培训的重点对象。建立健全政府部门、行业协会、建筑施工企业等多层次的培训体系，不断提升建筑业职工的安全生产意识、工伤维权意识和岗位技能水平，从源头上控制和减少安全事故。

（11）严肃查处谎报瞒报事故的行为。发生生产安全事故时，建筑施工企业现场有关人员和企业负责人要严格依照《生产安全事故报告和调查处理条例》等规定，及时、如实向安全监管、住房城乡建设和其他负有监管职责的部门报告，并做好工伤保险相关工作。事故报告后出现新情况的，要及时补报。对谎报、瞒报事故和迟报、漏报的有关单位和人员，要严格依法查处。

（12）积极发挥工会组织在职工工伤维权工作中的作用。各级工会要加强基层组织建设，通过项目工会、托管工会、联合工会等多种形式，努力将建筑施工一线职工纳入工会组织，为其提供维权依托。提升基层工会组织在职工工伤维权方面的业务能力和服务水平。具备条件的企业工会要设立工伤保障专员，学习掌握工伤保险政策，介入工伤事故处理的全过程，了解工伤职工需求，跟踪工伤待遇支付进程，监督工伤职工各项权益落实情况。

（13）齐抓共管合力维护建筑工人工伤权益。人力资源社会保障部门要积极会同相关部门，把大力推进建筑施工企业参加工伤保险作为当前扩大社会保险覆盖面的重要任务和重点工作领域，对各类建筑施工企业和建设项目进行摸底排查，力争尽快实现全面覆盖。各地人力资源社会保障、住房城乡建设、安全监管等部门要认真履行各自职能，对违法施工、非法转包、违法用工、不参加工伤保险等违法行为依法予以查处，进一步规范建筑市场秩序，保障建筑业职工工伤保险权益。人力资源社会保障、住房城乡建设、安全监管等部门和总工会要定期组织开展建筑业职工工伤维权工作情况的联合督查。有关部门和工会组织要建立部门间信息共享机制，及时沟通项目开工、项目用工、参加工伤保险、安全生产监管等信息，实现建筑业职工参保等信息互联互通，为维护建筑业职工工伤权益提供有效保障。

1963 年 3 月 30 日，在总结了我国安全生产管理经验的基础上，由国务院发布了《关于加强企业生产中安全工作的几项规定》。规定中重新确立了安全生产责任制，解决了安全技术措施计划，完善了安全生产教育，明确了安全生产的定期检查制度，严肃了伤亡事故的调查和处理，成为企业必须建立的五项基本制度，也是我们常说的安全生产"五项规定"。尽管我们在安全生产管理方面已取得了长足进步，但这五项制度仍是今天企业必须建立的安全生产管理基本制度。此外，随着社会和生产的发展，安全生产管理制度也在不断发展，国家和企业在五项基本制度的基础上又建立和完善了许多新制度，如意外伤害保险制度，拆除工程安全保证制度，易燃、易爆、有毒物品管理制度，防护用品使用与管理制度，特种设备及特种作业人员管理制度，机械设备安全检修制度以及文明生产管理制度等。

三、特种作业人员安全生产的权利和义务

我国安全生产法律法规对从业人员安全生产方面的权利和义务有明确的规定，从业人员通过履行自己的权利和义务，可以合法地维护自己的人身安全，维持安全生产秩序，有效防止各类生产安全事故的发生。

（一）安全生产的权利

1. 获得劳动保护的权利

从业人员有要求用人单位保障从业人员的劳动安全、防止职业危害的权利。从业人员与用人单位建立劳动关系时，应当要求订立劳动合同，劳动合同应当载明为从业人员提供符合国家法律法规、标准规定的劳动安全卫生条件和必要的劳动防护用品；工作场所存在的职业危险因素以及有效的防护措施；对从事有毒有害作业的从业人员定期进行健康检查；依法为从业人员办理工伤保险等。

2. 知情权

从业人员有权了解作业场所和工作岗位存在的危险因素、危害后果，以及针对危险因素应采取的方法措施和事故应急措施，用人单位必须向从业人员如实告知，不得隐瞒和欺骗。如果用人单位没有如实告知，从业人员有权拒绝工作，用人单位不得因此做出对从业人员不利的处分。

3. 民主管理、民主监督的权利

从业人员有权参加本单位安全生产工作的民主管理和民主

监督，对本单位的安全生产工作提出意见和建议，用人单位应重视和尊重从业人员的意见和建议，并及时做出答复。

4. 参加安全生产教育培训的权利

从业人员享有参加安全生产教育培训的权利。用人单位应依法对从业人员进行安全生产法律法规、规程及相关标准的教育培训，使从业人员掌握从事岗位工作所必须具备的安全生产知识和技能。用人单位没有依法对从业人员进行安全生产教育培训的，从业人员可拒绝上岗作业。

5. 获得职业健康防治的权利

对于从事接触职业危害因素，可能导致职业病的从业人员，有权获得职业健康检查并了解检查后果。被诊断为患有职业病的从业人员有依法享受职业病待遇，接受治疗、康复和定期检查的权利。

6. 合法拒绝权

违章指挥是指用人单位的有关管理人员违反安全生产的法律法规和有关安全规程、规章制度的规定，明知开始或继续作业可能会有重大危险，仍然强迫从业人员进行作业的行为。违章指挥、强令冒险作业违背了安全生产方针，侵犯了从业人员的合法权益，从业人员有权拒绝。用人单位不得因从业人员拒绝违章作业和强令冒险作业而打击报复，降低其工资、福利等待遇或解除与其订立的劳动合同。

7. 紧急避险权

从业人员发现直接危及人身安全的紧急情况时，有权停止作业，或者采取可能的应急措施后，撤离作业场所。用人单位不得因从业人员紧急情况下停止作业或者采取紧急撤离措施而降低其工资、福利待遇或者解除与其订立的劳动合同。但从业人员在行使这一权利时要慎重，要尽可能正确判断险情危及人身安全的程度。

8. 工伤保险和民事索赔权

用人单位应当依法为从业人员办理工伤保险，为从业人员缴纳工伤保险费。从业人员因安全生产事故受到伤害，除依法应当享受工伤保险外，还有权向用人单位要求民事赔偿。工伤保险和民事赔偿不能互相取代。

9. 提请劳动争议处理的权利

当从业人员的劳动保护权益受到伤害，或者与用人单位因劳动保护问题发生纠纷时，有向有关部门提请劳动争议处理的权利。

10. 批评、检举和控告权

从业人员有权对本单位安全生产工作中存在的问题提出批评，有权将违反安全生产法律法规的行为，向主管部门和司法机关进行检举和控告。检举可以署名，也可以不署名；可以用书面形式，也可以用口头形式。但是，用人单位不得因从业人员行使上述权利而对其进行打击报复，包括不得因此降低其工资、福利待遇或者解除与其订立的劳动合同。

（二）安全生产的义务

1. 遵守安全生产规章制度和操作规程的义务

从业人员不仅要严格遵守安全生产法律法规，还应当遵守用人单位的安全生产规章制度和操作规程，这是从业人员在安全生产方面的一项法定义务。从业人员必须增强法纪观念，自觉遵章守纪，从维护国家利益、集体利益以及自身利益出发，把遵章守纪、按章操作落实到具体工作中。

2. 服从管理的义务

用人单位的安全生产管理人员一般具有较多的安全生产知识和较丰富的经验，从业人员服从管理，可以保持生产经营活动的良好秩序，有效地避免、减少生产安全事故的发生，因此，从业人员应当服从管理，这又是从业人员在安全生产方面的一项法定义务。

3. 正确佩戴和使用劳动防护用品的义务

从业人员在作业过程中，应当正确佩戴和使用劳动防护用品，严禁在作业过程中放弃使用劳动防护用品或者不正确佩戴、不正确使用劳动防护用品。劳动防护用品是为防护劳动者的人身不受职业有害因素的损伤而配备的用品。正确佩戴和使用劳动防护用品可以避免和减轻职业危害的发生，从业人员应遵守此项法定义务。

4. 接受安全教育，掌握安全生产技能的义务

从业人员应接受安全生产教育和培训，掌握本职工作所需的安全生产知识，提高安全生产技能，增强事故预防和应急处理能力。这项义务的履行能够提高从业人员的安全意识和安全技能，进而提高生产经营活动的安全可靠性。

5. 危险报告义务

从业人员发现事故隐患或者其他不安全因素时，应当立即向现场安全生产管理人员或者本单位负责人报告。从业人员是进行生产经营活动的主体，往往是发现事故隐患和不安全因素的第一当事人，及时报告，方能及时处理，方能避免和减少生产安全事故的发生。

四、安全防护用品的使用

　　劳动防护用品又称个人防护用品、劳动保护用品，是指由生产经营单位为从业人员配备的，使其在生产过程中免遭或者减轻事故伤害和职业危害的个人防护装备。国际上称为 PPE（Personal Protective Equipment），即个人防护装备。劳动防护用品分为一般劳动防护用品和特种劳动防护用品。特种劳动防护用品，必须取得特种劳动防护用品安全标志。

（一）劳动保护的相关规定

1. 劳动防护用品的分类

　　防护用品分为以下十大类：

　　（1）防御物理、化学和生物危险、有害因素对头部伤害的头部防护用品。

　　（2）防御缺氧空气和空气污染物进入呼吸道的呼吸防护用品。

　　（3）防御物理和化学危险、有害因素对眼面部伤害的眼面部防护用品。

　　（4）防噪声危害及防水、防寒等的耳部防护用品。

　　（5）防御物理、化学和生物危险、有害因素对手部伤害的手部防护用品。

　　（6）防御物理和化学危险、有害因素对足部伤害的足部防护用品。

　　（7）防御物理、化学和生物危险、有害因素对躯干伤害的躯干防护用品。

（8）防御物理、化学和生物危险、有害因素损伤皮肤或引起皮肤疾病的护肤用品。

（9）防止高处作业劳动者坠落或者高处落物伤害的坠落防护用品。

（10）其他防御危险、有害因素的劳动防护用品。

2. 劳动防护用品的配备原则

（1）作业场所中存在职业性危害因素和危害风险时，用人单位应为作业人员配备符合国家标准或行业标准的个体防护装备。

（2）用人单位为作业人员配备的个体防护装备应与作业场所的环境状况、作业状况、存在的危害因素和危害程度相适应，应与作业人员相适合，且个体防护装备本身不应导致其他额外的风险。

（3）用人单位配备个体防护装备时，应在保证有效防护的基础上，兼顾舒适性。

3. 劳动防护用品的配备流程

劳动防护用品的配备应当按照图 4-1 所示的流程执行。

4. 劳动防护用品的选择

用人单位应按照识别、评价、选择的程序，结合劳动者作业方式和工作条件，并考虑其个人特点及劳动强度，选择防护功能和效果适用的劳动防护用品。

（1）接触粉尘、有毒、有害物质的劳动者应当根据不同粉尘种类、粉尘浓度及游离二氧化硅含量和毒物的种类及浓度配备相应的呼吸器。

（2）接触噪声的劳动者，当暴露于 80dB≤LEX，8h<85dB 的工作场所时，用人单位应当根据劳动者需求为其配备适用的护听器；当暴露于 LEX，8h≥85dB 的工作场所时，用人单位必须为劳动者配备适用的护听器，并指导劳动者正确佩戴和使用。

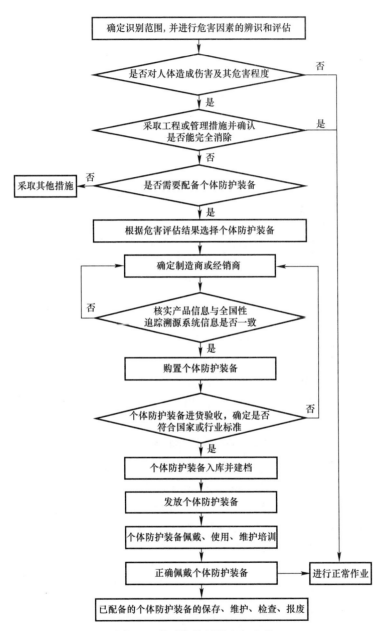

图 4-1　劳动防护用品配备流程

（3）工作场所中存在电离辐射危害的，经危害评价确认劳动者需佩戴劳动防护用品的，用人单位可参照电离辐射的相关标准要求为劳动者配备劳动防护用品，并指导劳动者正确佩戴和使用。

（4）从事存在物体坠落、碎屑飞溅、转动机械和锋利器具等作业的劳动者，用人单位还可参照相应标准，为劳动者配备适用的劳动防护用品。

同一工作地点存在不同种类的危险、有害因素的，应当为劳动者同时提供防御各类危害的劳动防护用品。需要同时配备的劳动防护用品，还应考虑其可兼容性。

劳动者在不同地点工作，并接触不同的危险、有害因素，或接触不同的危害程度的有害因素的，为其选配的劳动防护用品应满足不同工作地点的防护需求。

5. 劳动防护用品的配备管理

用人单位应建立健全个体防护装备管理制度，至少应包括采购、验收、保管、选择、发放、使用、报废、培训等内容，并应建立健全个体防护装备管理档案。

用人单位应在入库前对个体防护装备进行进货验收，确定产品是否符合国家或行业标准；对国家规定应进行定期强检的个体防护装备，用人单位应按相关规定，委托具有检测资质的检验检测机构进行定期检验。

在作业过程中发现存在其他危害因素，现有个体防护装备不能满足作业安全要求，需要另外配备时，应立即停止相关作业，按照要求配备相应的个体防护装备后，方可继续作业。

用人单位应购置在最小贴码包装及运输包装上具有追踪溯源标识的个体防护装备，该标识应能通过全国性追踪溯源系统实现追踪溯源。

用人单位在采购个体防护装备时，可通过产品检验检测报告的追踪溯源标识，对产品实物信息和产品检验检测报告信息进行核实。

出现以下情况之一，用人单位应给予判废和更换新品：

（a）个体防护装备经检验或检查被判定不合格；

（b）个体防护装备超过有效期；

（c）个体防护装备功能已经失效；

（d）个体防护装备的使用说明书中规定的其他判废或更换条件。

被判废或被更换后的个体防护装备不得再次使用。

用人单位应制定培训计划和考核办法，并建立和保留培训和考核记录。应按计划定期对作业人员进行培训，培训内容至少应包括工作中存在的危害种类和法律法规、标准等规定的防护要求，本单位采取的控制措施，以及个体防护装备的选择、防护效果、使用方法及维护、保养方法、检查方法等。当有新员工入职、员工转岗、个体防护装备配备发生变化、法律法规及标准发生变化等情况，需要培训时用人单位应及时进行培训。

未按规定佩戴和使用个体防护装备的作业人员，不得上岗作业。作业人员应熟练掌握个体防护装备正确佩戴和使用方法，用人单位应监督作业人员个体防护装备的使用情况。

在使用个体防护装备前，作业人员应对个体防护装备进行检查（如外观检查、适合性检查等），确保个体防护装备能够正常使用。

用人单位应按照产品使用说明书的有关内容和要求，指导并监督个体防护装备使用人员对在用的个体防护装备进行正确的日常维护和使用前的检查，对必须由专人负责的，应指定受过培训的合格人员负责日常检查和维护。

（二）安全防护用品的使用

1. 安全帽安全使用要求

（1）安全帽的防护原理

对使用者头部坠落物或小型飞溅物体等其他特定因素引起

的伤害起防护作用的帽子称为安全帽。安全帽由帽壳、帽衬、下颌带和附件组成。帽壳呈半球形，坚固、光滑并有一定弹性，打击物的冲击和穿刺动能主要由帽壳承受。帽壳和帽衬之间留有一定空间，可缓冲、分散瞬时冲击力，从而避免或减轻对头部的直接伤害。

当作业人员头部受到坠落物的冲击时，利用安全帽帽壳、帽衬在瞬间先将冲击力分解到头盖骨的整个面积上，然后利用安全帽帽壳、帽衬的结构材料和所设置的缓冲结构（插口、拴绳、缝线、缓冲垫等）的弹性变形、塑性变形和允许的结构破坏将大部分冲击力吸收，使最后作用到人员头部的冲击力降低到 4900N 以下，从而起到保护作业人员的头部不受到伤害或降低伤害的作用。

安全帽的帽壳材料对安全帽整体抗击性能起重要的作用。应根据不同结构形式的帽壳选择合适的材料。我国安全帽按材质可分为：塑料安全帽、合成树脂（如玻璃钢）安全帽、胶质安全帽、竹编安全帽、铝合金安全帽等。

（2）安全帽的技术性能要求

现行国家标准《头部防护安全帽》GB 2811 中对安全帽的各项性能指标均有明确技术要求。主要有：

1）质量要求：普通型安全帽不应超过 430g，特殊型安全帽不应超过 600g。

2）尺寸要求：安全帽的尺寸要求主要包括帽壳内部尺寸、帽舌、帽檐、垂直间距、水平间距、佩戴高度、突出物和透气孔。

其中垂直间距和佩戴高度是安全帽的两个重要尺寸要求。

垂直间距是指安全帽在佩戴时，头顶最高点与帽壳内表面之间的轴向距离（不包括顶筋的空间），国家标准要求是不大于 50mm。佩戴高度是指安全帽在佩戴时，帽箍底部至头顶最高点的轴向距离，国家标准要求是不小于 80mm。垂直间距太小，直接影响安全帽的冲击吸收性能；佩戴高度太小，直接影响安全帽佩戴的稳定性。这两项要求任何一项不合格都会直接影响到安全帽的整体安全性。

3）安全性能要求：安全性能指的是安全帽防护性能，是判定安全帽产品合格与否的重要指标，包括基本技术性能要求（冲击吸收性能、耐穿刺性能和下颏带强度）和特殊技术性能要求（防静电性能、电绝缘性能、侧向刚性、阻燃性能和耐低温性能等）。《头部防护安全帽》GB 2811 中明确规定了安全帽产品应达到的要求。

4）标识：安全帽的标识由永久标识和制造商提供的信息组成，永久标识是指位于产品主体内侧，并在产品整个生命周期内一直保持清晰可辨的标识，至少应包括：现行标准编号、制造厂名、生产日期、产品名称、产品的分类标记、产品的强制报废期限。制造商提供的信息包括：警示内容、是否可以在外表面涂敷油漆，溶剂，不干胶贴的声明、制造商的名称，地址和联系方式、为合格品的声明及资料、适用和不适用场所、适用头围的大小、报废判别条件和使用期限、调整、装配、使用、清洁、消毒、维护、保养和储存方面的说明和建议、可使用的附件和备件（如果有）的详细说明、质量。

（3）安全帽的选择

使用者在选择安全帽时，应注意选择符合国家相关管理规定、标志齐全、经检验合格的安全帽，并应检查其近期检验报告，并且要根据不同的防护目的选择不同的品种，如：带电作业场所的使用人员，应选择具有电绝缘性能并检查合格的安全帽。注意以下几点：

1）检查"三证"，即生产许可证、产品合格证、安全鉴定证。凡是在我国国内生产销售的 PPE，按规定应具备以上证书。

2）检查标识，检查永久性标识和产品说明是否齐全、准确，以及"安全防护"的盾牌标识。

3）检查产品做工，合格的产品做工较细，不会有毛边，质地均匀。

4）目测佩戴高度、垂直距离、水平距离等指标，用手感觉一下重量。

（4）使用与保管注意事项

安全帽的佩戴要符合标准，使用要符合规定。如果佩戴和使用不正确，就起不到充分的防护作用。一般应注意下列事项：

1）凡进入施工现场的人员，都必须佩戴安全帽，安全帽的使用和维护应按照产品使用说明进行。

2）佩戴安全帽前，应检查安全帽上是否有外观缺陷，各部件是否完好，无异常。不应随意在安全帽上拆卸或添加附件，以免影响其原有的防护性能。

3）按自己头围调整安全帽，帽衬调整后的内部尺寸、垂直间距、佩戴高度、水平间距应符合《头部防护安全帽》GB 2811 的要求。

4）安全帽在使用时应戴正、戴牢，锁紧帽箍，配有下颏带的安全帽应系紧下颏带，确保在使用中不发生意外脱落。

5）使用者不应擅自在安全帽上打孔，不应用刀具等锋利、尖锐物体刻画、钻钉安全帽，不应擅自在帽壳上涂敷油漆，涂料，汽油，溶剂等，不应随意碰撞挤压或将安全帽用作除佩戴以外的其他用途。例如：坐压、砸坚硬物体等。

6）在安全帽内，使用方应确保永久标识齐全、清晰，可更换部件损坏时应按照产品说明及时更换。

7）安全帽的存放应远离酸、碱、有机溶剂、高温，低温、日晒、潮湿或其他腐蚀环境，以免其老化或变质，对热塑材料制的安全帽，不应用热水浸泡及放在暖气、火炉上烘烤，以防止帽体变形。

8）安全帽的判废，当出现下列情况之一时，即予判废，包括：

① 所选用的安全帽不符合《头部防护安全帽》GB 2811 的要求；

② 所选用的安全帽功能与所从事的作业类型不匹配；

③ 所选用的安全帽超过有效使用期；

④ 安全帽部件损坏、缺失，影响正常佩戴；

⑤ 所选用的安全帽经定期检验和抽查为不合格；

⑥ 安全帽受过强烈冲击，即使没有明显损坏；

⑦ 当发生使用说明中规定的其他报废条件时。

2. 安全带安全使用要求

（1）安全带的分类与标记

安全带是在高处作业、攀登及悬吊作业中等固定作业中固定作业人员位置、防止作业人员发生坠落或发生坠落后将作业人员安全悬挂的个体防护装备的系统。由带子、绳子和各种零部件组成。安全带按作业类别分为围杆作业安全带、区域限制安全带和坠落悬挂安全带三类。

安全带的标记由作业类别及附加功能两部分组成。

安全带作业类别：区域限制用字母 Q 表示、围杆作业用字母 W 表示、坠落悬挂用字母 Z 表示。

安全带附加功能：防静电功能用字母 E 表示、阻燃功能用字母 F 表示、救援功能用字母 R 表示、耐化学品功能用字母 C 表示。

安全带的标记应以汉字或字母的形式明示于产品标识。示例：区域限制用安全带表示为"Q"；可用于围杆作业、坠落悬挂，并具备阻燃功能、救援功能及耐化学品功能的安全带表示为"W/Z-FRC"。

（2）安全带的一般技术要求

安全带中使用的零部件应圆滑，不应有锋利边缘，与织带接触的部分应采用圆角过渡，使用的动物皮革不应有接缝，织带应为整根，同一织带两连接点之间不应接缝；安全带同工作服设计为一体时不应封闭在衬里内；主带扎紧扣应可靠，不应意外开启，不应对织带造成损伤；腰带应与护腰带同时使用；安全带中所使用的缝纫线不应同被缝纫材料起化学反应，颜色应与被缝纫材料有明显区别，使用的金属环类零件不应使用焊接件，不应留有开口，与系带连接的安全绳在设计结构中不应出现打结，安全绳在与连接器连接时应增加支架或垫层。

系带样式应为单腰带式、半身式及全身式系带。半身式系带在单腰带基础上至少增加 2 条肩带。全身式系带在半身式系带的基础上至少包含 2 条绕过大腿的腿带和位于臀部的骨盆带。

系带腋下、大腿内侧不应有金属零部件，不应有任何零部件压迫喉部、外生殖器。主带宽度应大于或等于 40mm，辅带宽度应大于或等于 20mm，护腰带整体硬挺度应大于或等于腰带的硬挺度，宽度应大于或等于 80mm，长度应大于或等于 600mm。

织带折头及织带间的连接应使用线缝，不应使用铆钉、胶粘、热合等工艺，缝纫后不应进行燎烫，织带端头不能留有散丝，每个端头有相应的带箍，系带中的每个连接点均应位于连接点附近的织带上用相应的字母或文字明示用途。

连接器的活门应有保险功能，手动上锁连接器必须经两个以上动作才能打开。

使用单位应根据使用环境、使用频次等因素对在用的安全带是否需要整体报废或零部件是否需要更换进行判废检验。产品整体报废或更换零部件的条件应按照制造商提供的信息进行。

(3) 安全带的标识

安全带标识应固定于系带，加护套或以其他方式进行必要保护，标识应至少包括以下内容：产品名称，执行标准，分类标记，制造商名称或标记及产地，合格品标记，生产日期，不同类型零部件组合使用时的伸展长度（适用于坠落悬挂），醒目的标记或文字提醒用户使用前应仔细阅读制造商提供的信息，国家法律法规要求的其他标识。

安全带的制造商应以产品说明书或其他形式为每套安全带提供必要的信息用于产品的连接组装、使用维护等，应至少包括以下内容：制造商标识，适用和不适用对象、场合的描述，安全带所连接的各部件种类及执行标准清单，安全带中所使用的字母、符号意义说明，安全带各部件间正确的组合及连接方法，安全带同挂点装置的连接方法，扎紧扣的使用方法及扎紧程度，对可能对安全带产生损害的危险因素描述，提示使用方应根据自身使用情况制定相应的救援方案，安全空间的确定方法，根据现场环境及安全带特性判定该安全带是否适用的方法，现场环境及安全带特性可包括安全带的伸展长度、坠落距离、工作现场的安全空间及挂点位置等因素，周期性检查的规程和对检查周期的建议，整体报废或更换零部件的条件及要求，清洁、维护、储存的方法及最长的储存时间，警示语。

（4）安全带的选择

选购安全带时，应注意选择符合国家相关管理规定、标志齐全、经检验合格的产品。

1）根据使用场所条件确定型号。

2）检查"三证"，即生产许可证、产品合格证、安全鉴定证。凡是在我国国内生产销售的 PPE，按规定应具备以上证书。

3）检查特种劳动防护用品标志标识，检查安全标志证书和安全标志标识。

4）检查产品的外观、做工，合格的产品做工较细，带子和绳子不应留有散丝。

5）细节检查，检查金属配件上是否有制造厂的代号，安全带的带体上是否有标识，合格证和检验证明，产品说明是否齐全、准确。合格证是否注明产品名称，生产年月，拉力试验，冲击试验，制造厂名，检验员姓名等情况。

（5）安全带的使用和维护

安全带的使用和维护有以下几点要求：

1）为了防止作业者在某个高度和位置上可能出现的坠落，作业者在登高和高处作业时，必须按规定要求佩戴安全带。

2）在使用安全带前，应检查安全带的部件是否完整，有无损伤，绳带有无变质，卡环是否有裂纹，卡簧弹跳性是否良好。金属配件的各种环不得是焊接件，边缘光滑，产品上应有"安鉴证"。

3）使用时要高挂低用。要拴挂在牢固的构件或物体上，防止摆动或碰撞，绳子不能打结，钩子要挂在连接环上。当发现有异常时要立即更换，换新绳时要加绳套。

4）高处作业如安全带无固定挂处，应采用适当强度的钢丝绳或采取其他方法。禁止把安全带挂在移动或带尖锐棱角或不牢固的物件上。

5）安全带、绳保护套要保持完好，不允许在地面上随意拖着绳走，以免损伤绳套，影响主绳。若发现保护套损坏或脱落，必须加上新套后再使用。

6）安全带严禁擅自接长使用。使用 3m 及以上的长绳必须要加缓冲器，各部件不得任意拆除。

7）安全带在使用后，要注意维护和保管。要经常检查安全带缝制部分和挂钩部分，必须详细检查捻线是否发生裂断和残损等。

8）安全带不使用时要妥善保管，不可接触高温、明火、强酸、强碱或尖锐物体。不要存放在潮湿的仓库中保管。

9）安全带在使用两年后应抽验一次，使用频繁的绳要经常进行外观检查，发现异常必须立即更换。定期或抽样试验用过的安全带，不准再继续使用。

3. 安全网安全使用要求

劳动防护用品除个人随身穿用的防护性用品外，还有少数公用性的防护性用品，如安全网、护罩、警告信号等属于半固定或半随动的防护用具。用来防止人、物坠落，或用来避免、减轻坠落及物击伤害的网具，称为安全网。

安全网按功能分为安全平网、安全立网及密目式安全立网。

(1) 安全网的分类标记

1）平（立）网的分类标记由产品材料、产品分类及产品规格尺寸三部分组成。产品分类以字母 P 代表平网、字母 L 代表立网；

产品规格尺寸以宽度×长度表示，单位为米；阻燃型网应在分类标记后加注"阻燃"字样。例如：宽度为3m，长度为6m，材料为锦纶的平网表示为：锦纶P—3×6；宽度为1.5m，长度为6m，材料为维纶的阻燃型立网表示为：维纶L—1.5×6阻燃。

2）密目网的分类标记由产品分类、产品规格尺寸和产品级别三部分组成。产品分类以字母ML代表密目网；产品规格尺寸以宽度×长度表示，单位为米；产品级别分为A级和B级。例如：宽度为1.8m，长度为10m的A级密目网表示为"ML—1.8×10 A级"。

（2）安全网的技术要求

1）平网宽度不应小于3m，立网宽（高）度不应小于1.2m。平（立）网的规格尺寸与其标称规格尺寸的允许偏差为±4%。平（立）网的网目形状应为菱形或方形，边长不应大于8cm。

2）单张平（立）网质量不宜超过15kg。

3）平（立）网可采用锦纶、维纶、涤纶或其他材料制成，所有节点应固定。其物理性能、耐候性应符合现行国家标准《安全网》GB 5725的相关规定。

4）平（立）网上所用的网绳、边绳、系绳、筋绳均应由不小于3股单绳制成。绳头部分应经过编花、燎烫等处理，不应散开。

5）平（立）网的系绳与网体应牢固连接，各系绳沿网边均匀分布，相邻两系绳间距不应大于75cm，系绳长度不小于80cm。平（立）网如有筋绳，则筋绳分布应合理，两根相邻筋绳的距离不应小于30cm。当筋绳加长用作系绳时，其系绳部分必须加长，且与边绳系紧后，再折回边绳系紧，至少形成双根。

6）平（立）网的绳断裂强力应符合《安全网》GB 5725的规定。

7）密目网的宽度应介于1.2～2m。长度由合同双方协议条款指定，但最低不应小于2m。网眼孔径不应大于12mm。网目、网宽度的允许偏差为±5%。

8）密目网各边缘部位的开眼环扣应牢固可靠。开眼环扣孔径不应小于8mm。

9）网体上不应有断纱、破洞、变形及有碍使用的编织缺陷。缝线不应有跳针、漏缝，缝边应均匀。

10）每张密目网允许有一个接缝，接缝部位应端正牢固。

（3）安全网的标识

安全网的标识由永久标识和产品说明书组成。

1）安全网的永久标识包括：执行标准号、产品合格证、产品名称及分类标记、制造商名称、地址、生产日期、国家有关法律法规所规定的其他必须具备的标记或标志。

2）制造商应在产品的最小包装内提供产品说明书，应包括但不限于以下内容：

平（立）网的产品说明：平（立）网安装、使用及拆除的注意事项，储存、维护及检查，使用期限，在何种情况下应停止使用。

密目网的产品说明：密目网的适用和不适用场所，使用期限，整体报废条件或要求，清洁、维护、储存的方法，拴挂方法，日常检查的方法和部位，使用注意事项，警示"不得作为平网使用"，警示"B级产品必须配合立网或护栏使用才能起到坠落防护作用"以及本品为合格品的声明。

（4）安全网的使用和维护

安全网的使用和维护有以下几点要求：

1）安全网的检查内容包括：网内不得存留建筑垃圾，网下不能堆积物品，网身不能出现严重变形和磨损，以及是否会受化学品与酸、碱烟雾的污染及电焊火花的烧灼等。

2）支撑架不得出现严重变形和磨损。其连接部位不得有松脱现象。网与网之间及网与支撑架之间的连接点亦不允许出现松脱。所有绑拉的绳都不能使其受严重的磨损或有变形。

3）网内的坠落物要经常清理，保持网体洁净。还要避免大量焊接或其他火星落入网内，并避免高温或蒸汽环境。当网体受到化学品的污染或网绳嵌入粗砂粒或其他可能引起磨损的异物时，应须进行清洗，洗后使其自然干燥。

4）安全网在搬运中不可使用铁钩或带尖刺的工具，以防损伤网绳。

5）安全网应由专人保管发放。如暂不使用，应存放在通风、避光、隔热、防潮、无化学品污染的仓库或专用场所，并将其分类、分批存放在架子上，不允许随意乱堆。在存放过程中，亦要求对网体作定期检验，发现问题，立即处理，以确保安全。

6）如安全网的贮存期超过两年，应按 0.2% 抽样，不足 1000 张时抽样 2 张进行耐冲击性能测试，测试合格后方可销售使用。

4. 其他劳动防护用品的使用注意事项

（1）防护眼镜和面罩

物质的颗粒碎屑、火花热流、耀眼的光线和烟雾都会对眼睛造成伤害，所以应根据对象不同选择和使用防护眼镜。

1）防护眼镜和面罩的作用

① 防止异物进入眼睛。

② 防止化学性物品的伤害。

③ 防止强光、紫外线和红外线的伤害。

④ 防止微波、激光和电离辐射的伤害。

2）防护眼镜和面罩使用注意事项

① 选用的护目镜要选用经产品检验机构检验合格的产品。

② 护目镜的宽窄和大小要适合使用者的脸形。

③ 镜片磨损粗糙、镜架损坏，会影响操作人员的视力，应及时调换。

④ 护目镜要专人使用，防止传染眼病。

⑤ 焊接护目镜的滤光片要按规定作业需要选用和更换。

⑥ 防止重摔重压，防止坚硬的物体摩擦镜片和面罩。

(2) 防护手套

手的安全防护主要依靠手套。使用防护手套时，必须对工件、设备及作业情况分析之后，选择适当材料制作的，操作方便的手套，方能起到保护作用。

1) 防护手套的作用

① 防止火与高温、低温的伤害。

② 防止电磁与电离辐射的伤害。

③ 防止电、化学物质的伤害。

④ 防止撞击、切割、擦伤、微生物侵害以及感染。

2) 防护手套使用注意事项

① 绝缘手套应定期检验电绝缘性能，不符合规定的不能使用。

② 橡胶、塑料等类防护手套用后应冲洗干净、晾干，保存时避免高温，并在制品上撒上滑石粉以防粘连。

③ 操作旋转机床禁止戴手套作业。

(3) 防护鞋

防护鞋的功能主要针对工作环境和条件而设定，一般都具有防滑、防刺穿、防挤压的功能，另外就是具有特定功能，比如防导电、防腐蚀等。

1) 防护鞋的作用

① 防止物体砸伤或刺割伤害。如高处坠落物品及铁钉、锐利的物品散落在地面，这样就可能引起砸伤或刺伤。

② 防止高低温伤害。冬季在室外施工作业，可能发生冻伤。

③ 防止滑倒。在摩擦力不大，有油的地板可能会滑倒。

④ 防止酸碱性化学品伤害。在作业过程中接触到酸碱性化学品，可能发生足部被酸碱灼伤的事故。

⑤ 防止触电伤害。在作业过程中接触到带电体造成触电伤害。

⑥ 防止静电伤害。静电对人体的伤害主要是引起心理障碍，产生恐惧心理，引起从高处坠落等二次事故。

2）绝缘鞋（靴）的使用及注意事项

① 必须在规定的电压范围内使用。

② 绝缘鞋（靴）胶料部分无破损，且每半年做一次预防性试验。

③ 在浸水、油、酸、碱等条件下不得作为辅助安全用具使用。

④ 穿用绝缘靴时，应将裤管套入靴筒内。穿用绝缘鞋时，裤管不宜长及鞋底外沿条高度，更不能长及地面，保持布帮干燥。

五、高处作业安全知识

（一）概述

1. 高处作业的概念

现行国家标准《高处作业分级》GB/T 3608 规定：在距坠落高度基准面 2m 或 2m 以上有可能坠落的高处进行的作业，称为高处作业。

坠落高度基准面，指通过最低坠落着落点的水平面。

最低坠落着落点，指在作业位置可能坠落到的最低点。

高处作业高度，指作业区各作业位置至相应坠落高度基准面之间的垂直距离中的最大值。

其可能的坠落半径 R 见表 5-1，高度 h 为作业位置至其底部的垂直距离。

坠落半径 　　　　　　　　　　　　表 5-1

高度 h（m）	坠落半径 R（m）
2～5	2
5～15	3
15～30	4
30 以上	5

2. 高处作业的分级

（1）高处作业高度在 2～5m 时，称为一级高处作业。

（2）高处作业高度在 5～15m 时，称为二级高处作业。

（3）高处作业高度在 15～30m 时，称为三级高处作业。

（4）高处作业高度在 30m 以上时，称为特级高处作业。

3. 高处作业的种类和特殊高处作业的类别

高处作业的种类分为一般高处作业和特殊高处作业两种。特殊高处作业包括以下几个类别：

（1）在阵风风力六级（风速 10.8m/s）及以上的情况下进行的高处作业，称为强风高处作业。

（2）在高温或低温环境下进行的高处作业，称为异温高处作业。

（3）降雪时进行的高处作业，称为雪天高处作业。

（4）降雨时进行的高处作业，称为雨天高处作业。

（5）室外完全采用人工照明时进行的高处作业，称为夜间高处作业。

（6）在接近或接触带电体条件下进行的高处作业，统称为带电高处作业。

（7）在无立足点或无牢靠立足点的条件下进行的高处作业，统称为悬空高处作业。

（8）对突然发生的各种灾害事故，进行抢救的高处作业，称为抢救高处作业。

一般高处作业是指除特殊高处作业以外的高处作业。

4. 标记

高处作业的分级，以级别、类别和种类标记。一般高处作业标记时，写明级别和种类；特殊高处作业标记时，写明级别和类别，种类可省略不写。

例如：三级，一般高处作业；一级，强风高处作业；二级，夜间高处作业等。

5. 发生高处坠落事故的原因

根据事故致因理论，事故致因因素包括人的因素和物的因素两个主要方面，而人的因素又可细分为人的不安全行为和管理缺陷两个方面，物的因素又可细分为物的不安全状态和环境不良两个方面，故而对建筑施工高处坠落事故的原因分析也可从这几个方面来进行。

(1) 从人的不安全行为分析主要有以下原因：

1）违章指挥、违章作业、违反劳动纪律的"三违"行为，主要表现为：

① 指派无登高架设作业操作资格的人员从事登高架设作业。

② 不具备高处作业资格（条件）的人员擅自从事高处作业，根据规定，从事高处作业的人员要定期体检，凡患高血压、心脏病、贫血病、癫痫病以及其他不适合从事高处作业的人员不得从事高处作业。然而在实际工作中，许多单位和个人并未遵守这一规定，造成一些事故的发生。

③ 未经现场安全人员同意擅自拆除安全防护设施。

④ 不按规定的通道上下进入作业面，而是随意攀爬阳台、吊车臂架等非规定通道。

⑤ 拆除脚手架、井字架、塔式起重机或模板支撑系统时无专人监护且未按规定设置防护措施，许多高处坠落事故都是在这种情况下发生的。

⑥ 高空作业时不按劳动纪律穿戴好个人劳动防护用品（安全帽、安全带、防滑鞋）等。

2）人操作失误，主要表现为：

① 在洞口、临边作业时因踩空、踩滑而坠落。

② 在转移作业地点时因没有及时系好安全带或安全带系挂不牢而坠落。

③ 在安装建筑构件时，因作业人员配合失误而导致相关作业人员坠落。

3）注意力不集中，主要表现为作业或行动前不注意观察周围的环境是否安全而轻率行动，比如没有看到脚下的脚手板是探头板或已腐朽的板而踩上去坠落造成伤害事故，或者误进入危险部位而造成伤害事故。

（2）从管理缺陷分析主要有以下原因：

1）没有安全生产管理制度、安全生产操作规程或者不健全。高处作业随意性强，没有任何章法可言，对于什么作业属于高处作业，哪些人员能够从事高处作业，高处作业需注意哪些事项等都不是很清楚，没有给予高处作业特有的重视。

2）未在施工组织设计中编制高处作业的安全技术措施或者所编制的高处作业安全技术措施无可操作性，无法指导现场施工。

3）未按规范要求对高处作业实行逐级的安全技术教育及交底，且对教育及交底的执行情况不进行检查，造成现场施工人员对高处作业缺乏必要的知识及技术手段，只能凭借作业者个人的技术水平来掌握，风险较大。

4）施工现场安全生产检查、整改不到位，表现为施工现场安全防护设施已损坏而没有及时修复，高处作业人员不按规定佩戴安全防护用品而无人管，高处作业人员不执行高处作业的措施而无人监督管理等。

（3）从物的不安全状态分析主要有以下原因：

1）高处作业的安全防护设施的材质强度不够、安装不良、磨损老化等，主要表现为：

① 用作防护栏杆的钢管、扣件等材料因壁厚不足、腐蚀、扣件不合格而折断、变形失去防护作用。

② 吊篮脚手架钢丝绳因摩擦、锈蚀而破断导致吊篮倾斜、坠落而引起人员坠落。

③ 施工脚手板因承载力不够而弯曲变形、折断等导致其上人员坠落。

④ 因其他设施设备（手拉葫芦、电动葫芦等）破坏而导致相关人员坠落。

2）安全防护设施不合格、装置失灵而导致事故，主要表现为：

① 临边、洞口、操作平台周边的防护设施不合格。

② 整体提升脚手架、施工电梯等设施设备的防坠装置失灵而导致脚手架、施工电梯坠落。

3）劳动防护用品缺陷，主要表现为高处作业人员的安全帽、安全带、安全绳、防滑鞋等用品因内在缺陷而破损、断裂、失去防滑功能等引起的高处坠落事故。

（4）从作业环境不良分析主要有以下原因：

1）露天流动作业使临边、洞口、作业平台等处的安全防护设施的自然腐蚀、人为损坏频率增加，隐患增加。

2）特殊高处作业的存在使高处坠落的危险性增大，比如强风高处作业、异温高处作业、雪天高处作业、雨天高处作业、夜间高处作业等，都要求施工单位做出精密的组织，详细策划，认真交底，严格监督，这些特殊高处作业对施工企业来说是经常会碰到的，尤其是工程体量较大，施工周期较长的跨年度工程，这几种情况可能都会碰到。

6. 高处坠落事故的预防措施

根据上述分析，对高处坠落事故的预防措施也可从人的不安全行为及管理缺陷、物的不安全状态及作业环境不良这几个方面来采取相应的措施，以预防、减少、杜绝高处坠落伤害事故。

（1）对人的不安全行为的控制措施

1）严格规章制度，提高违章成本。对于施工现场的"三违"行为，企业负责人要充分认识其危害的严重性，通过大幅度提高违章成本、抓典型、树标兵等形式提高企业员工的安全生产意识，要使企业所有人都意识到，违章是得不偿失的，违章是必受到惩罚的，从制度上杜绝一部分人的侥幸心理。同时辅以一定的管理、技术手段，比如：

① 没有登高架设上岗证的人员严禁从事登高架设作业。

② 未经现场安全人员同意不准擅自拆除安全防护设施。

③ 施工作业区设置规范畅通的安全通道。

④ 拆除脚手架或模板支撑系统时设专人监护。

⑤ 每天上班前对所有高空作业人员的劳动防护用品穿戴情况进行专项检查等。

2）对于人操作失误和注意力不集中，可仿照质量管理中"旁站监理"的管理监控手段，做好对一些重点过程、重点区域的"旁站监督"，比如搭拆脚手架、模板支撑架时，安装、拆卸、调试起重设备时，特殊高处作业过程中等，都可安排专职安全员做好"旁站监督"，以减少人失误和注意力不集中所造成的危害。

（2）对管理缺陷的控制措施

1）根据当前国家、地方有关安全生产的法律法规、规章制度的要求建立健全企业的安全生产管理制度和操作规程并及时更新，将企业的管理制度和操作规程宣传到企业的每一个部门、项目和员工，使企业的管理、作业制度化、程序化，建筑施工企业要不断地学习领会这些新的法律法规、规章制度，并在企业的管理制度中体现出来，不断完善企业的管理制度，提高企业的管理水平。

2）一般高处作业按规定在施工组织设计中编制指导性强的，易于操作的高处作业安全技术措施，对于危险性较大的高处作业工程还要按照要求编制安全专项施工方案，对于达到一定高度的高处作业工程还要进行专家论证。这就需要企业的安全、技术部门及施工项目部有关人员相互配合，共同努力才能完成，尤其是公司管理部门要把好关，做好有关的教育培训工作，使施工现场的施工技术人员也掌握必要的高处作业技术知识，并在工作中不断地充实、完善。

3）要重视教育、交底工作，规章制度再好，高处作业方案再制定得完善，如果不将其内容向有关的施工人员进行教育、交底，也起不到应有的作用，顶多只是应付检查罢了，并不能减少施工现场的高处作业事故。因此，企业必须将有关的制度方案向有关施工人员进行教育、交底。

4）要重视施工现场的安全生产检查、整改，施工作业人员是否遵章守纪，是否按高处作业方案的交底要求去施工，现场安全防护设施是否损坏，有没有及时修复，高处作业人员是否按规定佩戴安全防护用品等都要靠安全检查来解决。

(3) 对物的不安全状态的控制措施

1）对安全防护设施材质强度不够、安装不良、磨损老化等问题要把好以下关口：

① 把好材料的进场验收关。

② 把好安全防护设施的搭设验收关。

③ 对于吊篮脚手架、悬挑平台、转料平台的钢丝绳也要经常检查，严格按照钢丝绳的报废标准要求进行报废，不能带病使用。

④ 对于手拉葫芦、电动葫芦等设备，除在每次使用前要进行仔细的检查外，还要注意不超期使用，达到规定的使用年限后即进行报废。

2）对于整体提升脚手架、施工电梯等设施设备的防坠装置要进行经常性检查，严格执行安装前的检查及安装后的验收手续，尽可能避免因装置失灵而导致的坠落事故。

3）对于关系劳动者人身安全的劳动防护用品，购买时要查看其是否有生产许可证、产品合格证。

(4) 对于环境不良的控制措施

1）合理安排作业流程，尽量减少露天高处作业的时间。

2）尽量避免特殊高处作业，比如风力达到六级停止高处作业，雨雪天气停止高处作业，夜间不安排高处作业，避开高温、低温进行高处作业等，对于工程体量较大，施工周期较长的跨年度工程，必须对其可能遇到特殊高处作业情况进行前期的详细策划，做到有备无患。

通过对以上建筑施工现场高处坠落事故分类情况的了解，高处坠落事故原因的分析及可以采取的措施手段，从而加强对建筑施工企业安全生产管理制度的完善、落实，加强对作业人员的培训、教育，提高其对施工现场高处坠落事故的认识，加强现场管理，投入必要的防护设施，严格按标准、规范要求实施，杜绝违章指挥、违章操作和违反劳动纪律和行为，不断消除高处坠落事故隐患，逐步减少和避免高处坠落伤害事故是完全有可能的。

（二）建筑施工高处作业

1. 建筑施工高处作业的基本安全要求

（1）每个工程项目中涉及的所有高处作业的安全技术措施必须列入工程的施工组织设计，并经公司上级主管部门审批后方可施工。

（2）施工前，应逐级进行安全技术教育及交底，落实所有安全技术措施和人身防护用品，未经落实不得施工。

（3）高处作业中的安全标志、工具、仪表、电气设施和各种设备，必须在施工前加以检查，确认其完好，方能投入使用。

（4）攀登和悬空高处作业人员以及搭设高处作业安全设施的人员，必须经过专业技术培训及专业考试合格，持证上岗，并必须定期进行体格检查。

（5）高处作业人员的衣着要灵便，必须正确穿戴好个人防护用品。

（6）高处作业中所用的物料，均应堆放平稳，不妨碍通行和装卸。对有坠落可能的物件，应一律先行撤除或加以固定。

工具应随手放入工具袋；作业中的走道、通道板和登高用具，应随时清扫干净；拆卸下的物件、余料和废料均应及时清理运走，不得任意乱置或向下丢弃。传递物件禁止抛掷。

（7）雨天和雪天进行高处作业时，必须采取可靠的防滑、防寒和防冻措施。凡水、冰、霜、雪均应及时清除。

对进行高处作业的高耸建筑物，应事先设置避雷设施。遇有六级以上强风、浓雾等恶劣气候，不得进行露天攀登与悬空高处作业。暴风雪及台风暴雨后，应对高处作业安全设施逐一加以检查，发现有松动、变形、损坏或脱落等现象，应立即修理完善。

（8）用于高处作业的防护设施，不得擅自拆除。确因作业需要，临时拆除或变动安全防护设施时，必须经施工负责人同意，并采取相应的可靠措施，作业后应立即恢复。

（9）建筑物出入口应搭设长 6m，且宽于出入通道两侧各 1m 的防护棚，棚顶满铺不小于 5cm 厚的脚手板，防护棚两侧必须封严。

（10）对人或物构成威胁的地方，必须支搭防护棚，保证人、物安全。

（11）高处作业的防护棚搭设与拆除时，应设置警戒区并应派专人监护。严禁上下同时拆除。

（12）施工中如果发现高处作业的安全设施有缺陷和隐患，必须及时解决；危及人身安全时，必须停止作业。

（13）高处作业安全设施的主要受力杆件，力学计算按一般结构力学公式，强度及挠度计算按现行有关规范进行，但钢受弯构件的强度计算不考虑塑性影响，构造上应符合现行的相应规范的要求。

（14）高处作业应建立和落实各级安全生产责任制，对高处作业安全设施，应做到防护要求明确，技术合理，经济适用。

2. 高处作业的类型

建筑施工中的高处作业主要包括临边、洞口、攀登、悬空、交叉等五种基本类型，这些类型的高处作业是高处作业伤亡事故可能发生的主要地点。

（1）临边作业

临边作业是指施工现场中，工作面边沿无围护设施或围护设施高度低于 80cm 时的高处作业。

下列作业条件属于临边作业：

1）基坑周边，无防护的阳台、料台与挑平台等；

2）无防护楼层、楼面周边；

3）无防护的楼梯口和梯段口；

4）井架、施工电梯和脚手架等的通道两侧面；

5）各种垂直运输卸料平台的周边。

（2）洞口作业

洞口作业是指孔、洞口旁边的高处作业，包括施工现场及通道旁深度在 2m 及以上的桩孔、沟槽与管道孔洞等边沿作业。

建筑物的楼梯口、电梯口及设备安装预留洞口等（在未安装正式栏杆、门窗等围护结构时），还有一些施工需要预留的上料口、通道口、施工口等。凡是在 2.5cm 以上，洞口若没有防护时，就有造成作业人员高处坠落的危险；或者若不慎将物体从这些洞口坠落时，还可能造成下面的人员发生物体打击事故。

（3）攀登作业

攀登作业是指借助建筑结构或脚手架上的登高设施或采用梯子或其他登高设施在攀登条件下进行的高处作业。

在建筑物周围搭拆脚手架、张挂安全网，装拆塔式起重机、龙门架、井字架、施工电梯、桩架，登高安装钢结构构件等作业都属于这种作业。

进行攀登作业时作业人员由于没有作业平台，只能攀登在可借助物的架子上作业，要借助一手攀，一只脚钩或用腰绳来保持平衡，身体重心垂线不通过脚下，作业难度大，危险性大，若有不慎就可能坠落。

（4）悬空作业

悬空作业是指在周边临空状态下进行高处作业，其特点是在操作者无牢靠立足点条件下进行高处作业。

建筑施工中的构件吊装，利用吊篮进行外装修，悬挑或悬空梁板、雨篷等特殊部位支拆模板、扎筋、浇混凝土等项作业都属于悬空作业，由于是在不稳定的条件下施工作业，危险性很大。

（5）交叉作业

交叉作业是指在施工现场的上下不同层次，于空间贯通状态下同时进行的高处作业。

现场施工上部搭设脚手架、吊运物料、地面上的人员搬运材料、制作钢筋，或外墙装修下面打底抹灰、上面进行面层装饰等，都是施工现场的交叉作业。交叉作业中，若高处作业不慎碰掉物料，失手掉下工具或吊运物体散落，都可能砸到下面的作业人员，发生物体打击伤亡事故。

3. 临边作业安全防护

（1）临边作业防护措施

对临边高处作业，必须设置防护措施，并符合下列规定：

1）基坑周边，尚未安装栏杆或栏板的阳台、料台与挑平台周边，雨篷与挑檐边，无外脚手的屋面与楼层周边及水箱与水塔周边等处，都必须设置防护栏杆。

2）头层墙高度超过3.2m的二层楼面周边，以及无外脚手的高度超过3.2m的楼层周边，必须在外围架设安全平网一道，如图5-1所示。

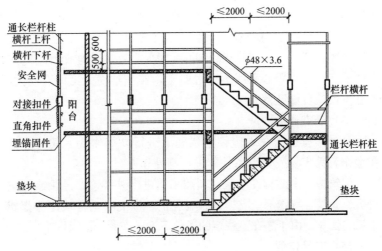

图 5-1　楼梯、楼层和阳台临边防护栏杆

80

《建筑施工安全检查标准》JGJ 59 中，取消了平网在落地式脚手架外围的使用，改为立网全封闭。立网应该使用密目式安全网，其标准是：密目密度不低于 2000 个/cm^2；做耐贯穿试验（将网与地面成 30°夹角，在其中心上方 3m 处，用 5kg 重的 ϕ48.3 钢管垂直自由落下），不穿透。

3）分层施工的楼梯口和梯段边，必须安装临时护栏。对于主体工程上升阶段的顶层楼梯口应随工程结构进度安装正式防护栏杆。回转式楼梯间应支设首层水平安全网，每隔 4 层设一道水平安全网。

4）井架与施工用电梯和脚手架等与建筑物通道的两侧边，必须设防护栏杆。地面通道上部应装设安全防护棚。双笼井架通道中间，应予分隔封闭。

5）各种垂直运输接料平台，除两侧设防护栏杆外，平台口还应设置安全门或活动防护栏杆。

6）阳台栏板应随工程结构进度及时进行安装。

（2）防护栏杆规格与连接要求

临边防护栏杆杆件的规格及连接要求，应符合下列规定：

1）原木横杆上杆梢径不应小于 70mm，下杆梢径不应小于 60mm，栏杆柱梢径不应小于 75mm，并需用相应长度的圆钉钉紧，或用不小于 12 号的镀锌钢丝绑扎，要求表面平顺和稳固无动摇。

2）钢筋横杆上杆直径不应小于 16mm，下杆直径不应小于 14mm，栏杆柱直径不应小于 18mm，采用电焊或镀锌钢丝绑扎固定。

3）钢管横杆及栏杆柱均采用 ϕ48.3×3.6 mm 的管材，以扣件固定。

4）以其他钢材如角钢等作防护栏杆杆件时，应选用强度相当的规格，以电焊固定。

（3）防护栏杆搭设要求

搭设临边防护栏杆时，必须符合下列要求：

1）防护栏杆应由上、下两道横杆及栏杆柱组成，上杆离地

高度为 1.0～1.2m，下杆离地高度为 0.5～0.6m。坡度大于
1：22 的屋面，防护栏杆高应为 1.5m，并加挂安全立网。除经
设计计算外，横杆长度大于 2m 时，必须加设栏杆柱。

2）栏杆柱的固定：

① 当在基坑四周固定时，可采用钢管并打入地面 50～70cm
深。钢管离边口的距离，不应小于 50cm。当基坑周边采用板桩
时，钢管可打在板桩外侧。

② 当在混凝土楼面、屋面或墙面固定时，可用预埋件与钢
管或钢筋焊牢。如采用竹、木栏杆时，可在预埋件上焊接 30cm
长的 L 50×5 角钢，其上下各钻一孔，然后用 10mm 螺栓与竹、
木杆件拴牢。

③ 当在砖或砌块等砌体上固定时，可预先砌入规格相适应
的 80×6 弯转扁钢作预埋铁的混凝土块，然后用与楼面、屋面
相同的方法固定。

3）栏杆柱的固定及其与横杆的连接，其整体构造应使防护
栏杆在上杆任何处，能经受任何方向的 1000N 外力。当栏杆所
处位置有发生人群拥挤、车辆冲击或物件碰撞等可能时，应加
大横杆截面或加密柱距。

4）防护栏杆必须自上而下用安全立网封闭，或在栏杆下边
设置严密固定的高度不低于 180mm 的挡脚板或 400mm 的挡脚
笆。挡脚板与挡脚笆上如有孔眼，不应大于 25mm。板与笆下边
距离底面的空隙不应大于 10mm。

但接料平台两侧的栏杆必须自上而下加挂安全立网。

5）当临边的外侧面临街道时，除防护栏杆外，敞口立面必
须采取挂满安全网或其他可靠措施作全封闭处理。

4. 洞口作业安全防护

（1）洞口防护措施

进行洞口作业以及在因工程和工序需要而产生的，使人与
物有坠落危险或危及人身安全的其他洞口进行高处作业时，必

须按下列规定设置防护设施：

1）板与墙的洞口必须设置牢固的盖板、防护栏杆、安全网或其他防坠落的防护设施。

2）电梯井口必须设防护栏杆或固定栅门。

3）钢管桩、钻孔桩等桩孔上口，杯形、条形基础上口，未填土的坑槽，以及人孔、天窗、地板门等处，均应按洞口防护设置稳固的盖件。

4）施工现场通道附近的各类洞口与坑槽等处，除设置防护设施与安全标志外，夜间还应设红灯示警。

（2）洞口防护要求

洞口根据具体情况采取设防护栏杆、加盖件、张挂安全网与装栅门等措施时，必须符合下列要求：

1）楼板、屋面和平台等面上短边尺寸 2.5～25cm 的孔口，应设坚实盖板并能防止挪动移位。

2）楼板面等处边长为 25～50cm 的洞口、安装预制构件时的洞口以及缺件临时形成的洞口，应设置固定盖板（如木盖板）。盖板须能保持周围搁置均衡，并有固定其位置的措施。

3）边长为 50～150cm 的洞口，必须设置以扣件扣接钢管的网格，并在其上满铺脚手板，脚手板应绑扎固定，未经许可不得随意移动。也可采用预埋通长钢筋网片，纵横钢筋间距不得大于20cm。

4）边长在 150cm 以上的洞口，四周必须搭设围护架，并设双道防护栏杆，洞口下张设水平安全网，网的四周拴挂牢固、严密。

5）垃圾井道和烟道，应随楼层的砌筑或安装而消除洞口，或参照预留洞口作防护。管道井施工时，除按上款办理外，还应加设明显的标志。如有临时性拆移，需经施工负责人核准，工作完毕后必须恢复防护设施。

6）位于车辆行驶道旁的洞口、深沟与管道坑、槽，所加盖板应能承受不小于当地额定卡车后轮有效承载力 2 倍的荷载。

7）墙面等处的竖向洞口，凡落地的洞口应设置开关式、工具式或固定式的防护门，门栅网格的间距不应大于 15cm，也可采用防护栏杆，下设挡脚板。

8）下边沿至楼板或底面低于 80cm 的窗台等竖向洞口，如侧边落差大于 2m 时，应加设 1.2m 高的临时护栏。

9）对邻近的人与物有坠落危险性的其他竖向的孔、洞口。均应予以盖设或加以防护，并有固定其位置的措施。

10）电梯井口必须设不低于 1.2m 的金属防护门，安装时离楼地面 5cm，上下必须固定。电梯井内应每隔两层并最多隔 10m 设一道水平安全网，安全网应封闭严密如图 5-2 所示。未经上级主管技术部门批准，电梯井内不得做垂直运输通道和垃圾通道。

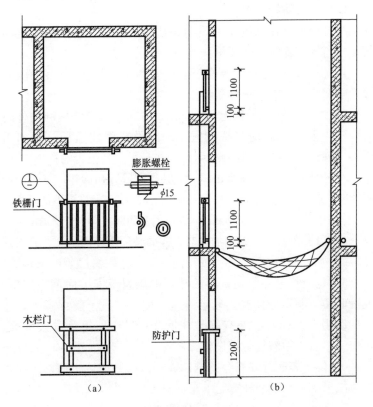

图 5-2　电梯井口防护门
（a）立面图；（b）剖面图

11）洞口防护栏杆的杆件及其搭设应符合规范。

12）洞口应按规定设置照明装置的安全标识。

洞口防护设施的构造形式如图 5-3 所示。

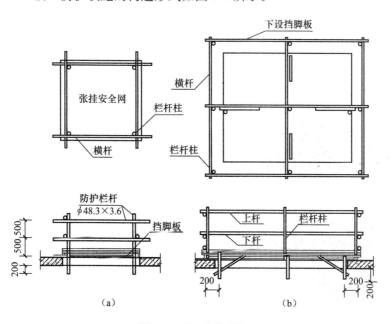

图 5-3　洞口防护栏杆

（a）边长 1500～2000mm 的洞口；（b）边长 2000～4000mm 的洞口

5. 攀登作业安全防护

（1）攀登作业可以利用梯子攀登或者借助建筑结构或脚手架上的登高设施以及载人垂直运输设备，因此在施工组织设计中应确定用于现场施工的登高和攀登设施。

（2）柱、梁和行车梁等构件吊装所需的直爬梯及其他登高用拉攀件，应在构件施工图或说明内作出规定。

（3）攀登的用具，结构构造上必须牢固可靠。供人上下的踏板其使用荷载不应大于 1100N。当梯面上有特殊作业，重量超过上述荷载时，应按实际情况加以验算。

（4）使用梯子攀登作业时，梯脚底部应坚定，不得垫高使用，并采取加包扎、钉胶皮、锚固或夹牢等防滑措施。

梯子的种类和形式不同，其安全防护措施也不同。

1）立梯：工作角度以 $75°±5°$ 为宜，梯子的上端应有固定措施，踏板上下间距以 30cm 为宜，不得有缺档。

2）折梯：使用时上部夹角以 $35°～45°$ 为宜，上部铰链必须牢固，下部两单梯之间应有可靠的拉撑措施。

3）固定式直爬梯：应用金属材料制成。梯宽不应大于 50cm，支撑应采用不小于 L70×6 的角钢，埋设与焊接均必须牢固。梯子顶端的踏棍应与攀登的顶而齐平，并加设 1～1.5m 高的扶手。使用直爬梯进行攀登作业时，攀登高度以 5m 为宜。超过 2m 时，宜加设护笼，超过 8m 时，必须设置梯间平台。

4）移动式梯子，应按现行的国家标准验收其质量，合格后方可使用。

梯子如需接长使用，必须有可靠的连接措施，应对连接处进行检查，且接头不得超过 1 处。连接后梯梁的强度，不应低于单梯梯梁的强度。

上下梯子时，必须面向梯子，且不得手持器物。

5）作业人员应从规定的通道上下，不得在阳台之间等非规定通道进行攀登，也不得任意利用吊车臂架等施工设备进行攀登。

6）钢柱安装登高时，应使用钢挂梯或设置在钢柱上的爬梯。

钢柱的接柱应使用梯子或操作台。当无电焊防风要求时，操作台横杆高度不宜小于 1m；有电焊防风要求时，其高度不宜小于 1.8m，如图 5-4 所示。

7）登高安装钢梁时，应视钢梁高度，在两端设置挂梯或搭设钢管脚手架。梁面上需行走时，其一侧的临时护栏横杆可采用钢索；当改用扶手绳时，绳的自然下垂度不应大于 1/20，并应控制在 100mm 以内。

8）钢屋架的安装，应遵守下列规定：

① 在屋架上下弦登高操作时，对于三角形屋架应在屋脊处，

梯形屋架应在两端，设置攀登时上下的梯架。材料可选用原木，踏步间距不应大于40cm。

② 屋架吊装以前，应在上弦设置防护栏杆。

③ 屋架吊装以前，应预先在下弦挂设安全网；吊装完毕后，即将安全网铺设固定。

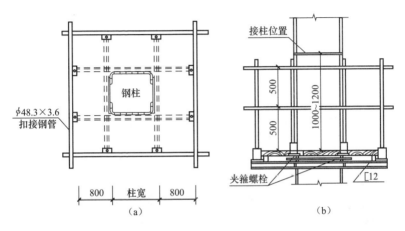

图 5-4　钢柱接柱用操作台

(a) 平面图；(b) 立面图

6. 悬空作业安全防护

（1）悬空作业处应有牢靠的立足处并必须视具体情况，配置防护栏网、栏杆或其他安全设施。

（2）悬空作业所用的索具、脚手板、吊篮、吊笼、平台等设备，均需经过技术鉴定或验证方可使用。

（3）构件吊装和管道安装时的悬空作业，必须遵守下列规定：

1）钢结构的吊装，构件应尽可能在地面组装，并应搭设临时固定、电焊、高强螺栓连接等工序的高空安全设施，随构件同时上吊就位。拆卸时的安全措施，也应一并考虑和落实。高空吊装预应力钢筋混凝土屋架、桁架等大型构件前，也应搭设悬空作业中所需的安全设施。

2）悬空安装大模板、吊装第一块预制构件、吊装单独的大中型预制构件时，必须站在操作平台上操作。吊装中的大模板和预制构件以及石棉水泥板等屋面板上，严禁站人和行走。

3）安装管道时必须有已完结构或操作平台为立足点，严禁在安装的管道上站立和行走。

（4）模板支撑和拆卸时的悬空作业，必须遵守下列规定：

1）支撑应按规定的作业程序进行，模板未固定前不得进行下一道工序。严禁在连接件和支撑件上攀登上下，并严禁在上下同一垂直面上装、拆模板。结构复杂的模板，装、拆应严格按照施工组织设计的措施进行。

2）支设高度在3m以上的柱模板，四周应设斜撑，并应设立操作平台。低于3m的可使用马凳操作。

3）支设悬挑形式的模板时，应有稳固的立足点。支设临空构筑物模板时，应搭设支架或脚手架。模板上有预留洞时，应在安装后将洞封盖。混凝土板上拆模后形成的临边或洞口，应按规范规定进行防护。

拆模高处作业，应配置登高用具或搭设支架。

（5）钢筋绑扎时的悬空作业，必须遵守下列规定：

1）绑扎钢筋和安装钢筋骨架时，必须搭设脚手架和马道。

2）绑扎圈梁、挑梁、挑檐、外墙和边柱等钢筋时，应搭设操作台和张挂安全网。

悬空大梁钢筋的绑扎，必须在满铺脚手板的支架或操作台上操作。

3）绑扎立柱和墙体钢筋时，不得站在钢筋骨架上或攀登骨架上下。3m以内的柱钢筋，可在地面或楼面上绑扎，整体竖立。绑扎3m以上的柱钢筋，必须搭设操作平台。

（6）混凝土浇筑时的悬空作业，必须遵守下列规定：

1）浇筑离地2m以上框架、过梁、雨篷和小平台混凝土时，应设操作平台，不得直接站在模板或支撑件上操作。

2）浇筑拱形结构，应自两边拱脚对称地相向进行。浇筑储仓，下口应先行封闭，并搭设脚手架以防人员坠落。

3）特殊情况下如无可靠的安全设施，必须系好安全带并扣好保险钩，或架设安全网。

（7）进行预应力张拉的悬空作业时，必须遵守下列规定：

1）进行预应力张拉时，应搭设站立操作人员和设置张拉设备用的牢固可靠的脚手架或操作平台。雨天张拉时，还应架设防雨棚。

2）预应力张拉区域应标示明显的安全标志，禁止非操作人员进入。张拉钢筋的两端必须设置挡板，挡板应距所张拉钢筋的端部 1.5～2m，且应高出最上一组张拉钢筋 0.5m，其宽度应距张拉钢筋两外侧各不小于 1m。

3）孔道灌浆应按预应力张拉安全设施的有关规定进行。

（8）悬空进行门窗作业时，必须遵守下列规定：

1）安装门、窗、油漆及安装玻璃时，严禁操作人员站在樘子、阳台栏板上操作。门、窗临时固定，封填材料未达到强度以及电焊时，严禁手拉门、窗进行攀登。

2）在高处外墙安装门、窗，无脚手时，应张挂安全网。无安全网时，操作人员应系好安全带，其保险钩应挂在操作人员上方的可靠物件上。

3）进行各项窗口作业时，操作人员的重心应位于室内，不得在窗台上站立，必要时应系好安全带进行操作。

7. 操作平台安全

（1）移动式操作平台

移动式操作平台是指可以搬移的用于结构施工、室内装饰和水电安装等的操作平台。使用时必须符合下列规定：

1）操作平台应由专业技术人员按现行的相应规范进行设计，计算书及图纸应编入施工组织设计。

2）操作平台的面积不应超过 $10m^2$，高度不应超过 5m。同时还应进行稳定验算，并采取措施减少立柱的长细比。

3）装设轮子的移动式操作平台，轮子与平台的接合处应牢固可靠，立柱底端离地面不得超过 80mm。

4）操作平台可采用 $\phi48.3\times3.6mm$ 钢管以扣件连接，亦可采用门架式或承插式钢管脚手架部件，按产品使用要求进行组装。平台的次梁，间距不应大于 40cm。

5）操作平台台面应满铺脚手板。四周必须按临边作业要求设置防护栏杆，并应布置登高扶梯。

移动式操作平台构造形式如图 5-5 所示。

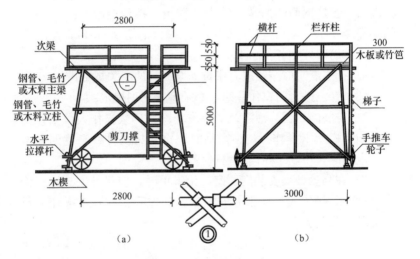

图 5-5　移动式操作平台
（a）立面图；（b）侧面图

（2）悬挑式钢平台

悬挑式钢平台是指可以吊运和搁置于楼层边的用于接送物料和转运模板等的悬挑形式的操作平台，通常采用钢构件制作。必须符合下列规定：

1）悬挑式钢平台应按现行规范进行设计及安装，其结构构造应能防止左右晃动，计算书及图纸应编入施工组织设计。

2）悬挑式钢平台的搁支点与上部拉结点必须位于建筑物上，不得设置在脚手架等施工设备上。

3）斜拉杆或钢丝绳，构造上宜两边各设前后两道，两道中的每一道均应作单道受力计算。

4）应设置 4 个经过验算的吊环。吊运平台时应使用卡环，不得使吊钩直接钩挂吊环。吊环应用甲类 3 号沸腾钢（不得使用螺纹钢）制作。

5）钢平台安装时，钢丝绳应采用专用的挂钩挂牢，采取其他方式时卡头的卡子不得少于 3 个。钢丝绳与建筑物（柱、梁）锐角利口处应加衬软垫物。

6）钢平台外口应略高于内口，左右两侧必须装置固定的防护栏杆。

7）钢平台吊装，需待横梁支撑点电焊固定，接好钢丝绳调整完毕，经过检查验收后，方可松卸起重吊钩，上下操作。

8）钢平台使用时，应有专人进行检查，发现钢丝绳有锈蚀损坏应及时调换，焊缝脱焊应及时修复。

9）操作平台上应显著地标明容许荷载值。操作平台上人员和物料的总重量，严禁超过设计的容许荷载。应配备专人加以监督。

悬挑式钢平台的构造形式见图 5-6。

8. 交叉作业安全防护

（1）支模、粉刷、砌墙等各工种进行上下立体交叉作业时，不得在同一垂直方向上操作。下层作业的位置，必须处于依上层高度确定的可能坠落范围半径之外。不符合以上条件时，必须采取隔离封闭措施后，方可施工。

（2）钢模板、脚手架等拆除时，下方不得有其他操作人员。

（3）钢模板部件拆除后，临时堆放处离楼层边沿不得超过 1m，堆放高度不得超过 1m。楼层边口、通道口、脚手架边缘严禁堆放任何拆下物件。

（4）结构施工自二层起，凡人员进出的通道口（包括井架、施工用电梯的进出通道口）均应搭设安全防护棚。高度超

24m 的层次上的交叉作业，应设双层防护棚。

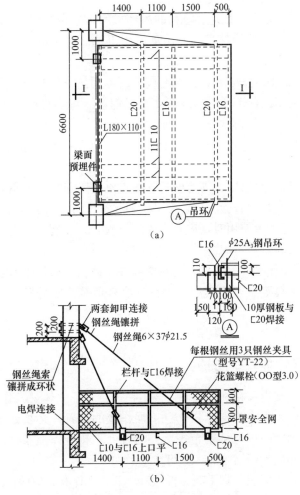

图 5-6　悬挑式钢平台

（a）平面图；（b）Ⅰ-Ⅰ剖面图

（5）由于上方施工可能坠落物件或处于起重机把杆回转范围之内的通道，在其受影响的范围内，必须搭设顶部能防止穿透的双层防护棚。防护棚的宽度，根据建筑物与围墙的距离而定，如果超过 6m 的搭设宽度为 6m，不满 6m 的应搭满。

9. 高处作业安全防护设施的验收

进行高处作业之前，应进行安全防护设施的逐项检查和验收。验收合格后，方可进行高处作业。验收也可分层进行或分阶段进行。

安全防护设施，应由单位工程负责人验收，并组织有关人员参加。

安全防护设施的验收，应具备下列资料：

（1）施工组织设计及有关验算数据。

（2）安全防护设施验收记录。

（3）安全防护设施变更记录及签证。

安全防护设施的验收，主要包括以下内容：

（1）所有临边、洞口等各类技术措施的设置状况。

（2）技术措施所用的配件、材料和工具的规格和材质。

（3）技术措施的节点构造及其与建筑物的固定情况。

（4）扣件和连接件的紧固程度。

（5）安全防护设施的用品及设备的性能与质量是否合格。

安全防护设施的验收应按类别逐项查验，并作出验收记录。凡不符合规定者，必须整改合格后再行查验。施工工期内还应定期进行抽查。

六、施工现场安全消防知识

（一）消防的基本知识

1. 火灾分类

　　火灾是指在时间或空间上失去控制的燃烧所造成的灾害。在各种灾害中，火灾是最经常、最普遍地威胁公众安全和社会发展的主要灾害之一。根据可燃物的类型和燃烧特性，将火灾定义为 A 类、B 类、C 类、D 类、E 类、F 类六种不同的类别。

　　A 类火灾：固体物质火灾。这种物质通常具有有机物性质，一般在燃烧时能产生灼热的余烬。

　　B 类火灾：液体或可熔化的固体物质火灾。

　　C 类火灾：气体火灾。

　　D 类火灾：金属火灾。

　　E 类火灾：带电火灾。物体带电燃烧的火灾。

　　F 类火灾：烹饪器具内的烹饪物（如动植物油脂）火灾。

2. 燃烧、爆炸

（1）燃烧

　　物质燃烧过程的发生和发展，必须具备以下三个必要条件，即：可燃物、氧化剂和温度（引火源）。只有这三个条件同时发生，才可能发生燃烧，无论缺少哪一个条件，燃烧都不能发生。但是，并不是上述三个条件同时存在，就一定会发生燃烧现象，还必须这三个因素相互作用才能发生燃烧。

　　1）可燃物：凡是能与空气中的氧或其他氧化剂起燃烧化学

反应的物质称为可燃物。可燃物按其物理状态分为气体可燃物、液体可燃物和固体可燃物三种类别。可燃烧物质大多是含碳和氢的化合物，某些金属如镁、铝、钙等在某些条件下也可以燃烧，还有许多物质如肼、臭氧等在高温下可以通过自己的分解而放出光和热。

2）氧化剂：帮助和支持可燃物燃烧的物质，能与可燃物发生氧化反应的物质称为氧化剂。燃烧过程中的氧化剂主要是空气中游离的氧，另有氟、氯等也可以作为燃烧反应的氧化剂。

3）温度（引火源）：是指供给可燃物与氧或助燃剂发生燃烧反应的能量来源。常见的是热能，其他还有化学能、电能、机械能等转变的热能。

（2）爆炸

爆炸是指由于物质急剧氧化或分解反应，使温度、压力急剧增加或使两者同时急剧增加的现象，爆炸可分为物理爆炸、化学爆炸和核爆炸。

（3）燃烧产物及其毒性

燃烧产物是指由于燃烧或热解作用产生的全部物质。燃烧的产物包括：燃烧生成的气体、能量、可见烟等。燃烧生成的气体一般是指：一氧化碳、氰化氢、二氧化碳、丙烯醛、氯化氢、二氧化硫等。

火灾统计表明，火灾中死亡人数大约 80% 是由于吸入火灾中燃烧产生的有毒烟气致死的。火灾产生的烟气含有大量的有毒成分，如：一氧化碳、二氧化碳、氰化氢、二氧化硫等，二氧化碳是主要产物之一，而一氧化碳是火灾中致死的主要燃烧物之一，其毒性在于对血液中血红蛋白的高亲和性，其亲和力比氧气高出 250 倍，最容易引起供氧不足而危及生命。

3. 灭火的基本方法

由燃烧所必须具备的几个基本条件可以得知，灭火就是破坏燃烧条件，使燃烧反应终止的过程。其基本原理可归纳为以下四个方面：冷却、窒息、隔离和化学抑制。前三种是物理作用，化学抑制是化学作用。

（1）冷却灭火：对一般可燃物来说，能够支持燃烧的条件之一就是在火焰或热的作用下达到了各自的着火温度。因此，对一般可燃物火灾，将可燃物冷却到其燃点或闪点温度以下，燃烧反应就会终止，水的灭火机理主要是冷却作用。

（2）窒息灭火：各种可燃物的燃烧都必须在其低氧气的浓度以上进行，否则燃烧不能持续进行。因此，通过降低燃烧物周围的烟气浓度可以起到灭火的作用。通常使用的二氧化碳、氮气、水蒸气等的灭火机理主要是窒息作用。

（3）隔离灭火：把燃烧物与引火源或氧气隔离开来，燃烧反应就会自动终止。火灾中，关闭阀门，切断流向火区的可燃气体和液体的通道；打开有关阀门，使已经发生燃烧的容器或已受到火势威胁的容器中的液体可燃物，通过管道流至安全区域，都是隔离灭火的措施。

（4）化学抑制灭火：就是使用灭火剂与链式反应的中间体自由基反应，从而使燃烧的链式反应中断，使燃烧不能持续进行。常用的干粉灭火剂、卤代烷灭火剂的主要灭火机理就是化学抑制作用。

（二）灭火器

1. 灭火器的组成

灭火器由瓶体、压把、喷管、压力器、使用说明、合格证、检验证组成，如图 6-1 所示。

2. 常见的灭火器的分类

灭火器的种类很多，按其移动方式可分为手提式和移动式；按驱动灭火剂的动力来源可分为储气瓶式、储压式、化学反应式；

按所充装的灭火剂可分为泡沫、干粉、卤代烷、二氧化碳、酸碱、清水等种类。

3. 灭火器适应火灾及使用方法

（1）泡沫灭火器适应火灾及使用方法

适用范围：适用于扑救一般 B 类火灾，如油制品、油脂等火灾，也可适用于 A 类火灾，但不能扑救 B 类火灾中的水溶性可燃、易燃液体的火灾，如醇、酯、醚、酮等物质火灾；也不能扑救带电设备及 C 类和 D 类火灾。

使用方法：可手提筒体上部的提环，迅速奔赴火场。这时应注意不得使灭火器

图 6-1　灭火器

过分倾斜，更不可横拿或颠倒，以免两种药剂混合而提前喷出。当距离着火点 10m 左右，即可将筒体颠倒过来，一只手紧握提环，另一只手扶住筒体的底圈，将射流对准燃烧物。在扑救可燃液体火灾时，切忌直接对准液面喷射，以免由于射流的冲击，反而将燃烧的液体冲散或冲出容器，扩大燃烧范围。在扑救固体物质火灾时，应将射流对准燃烧最猛烈处。

（2）推车式泡沫灭火器适应火灾和使用方法

其适应火灾与手提式化学泡沫灭火器相同。

使用方法：使用时，一般由两人操作，先将灭火器迅速推拉到火场，在距离着火点 10m 左右处停下，由一人施放喷射软管后，双手紧握喷枪并对准燃烧处；另一个则先逆时针方向转动手轮，将螺杆升到最高位置，使瓶盖开足，然后将筒体向后倾倒，使拉杆触地，并将阀门手柄旋转 90°，即可喷射泡沫进行灭火。如阀门装在喷枪处，则由负责操作喷枪者打开阀门。

灭火方法及注意事项与手提式化学泡沫灭火器基本相同，可以参照。

（3）二氧化碳灭火器适应火灾及使用方法

适用范围：适用于 A、B、C 类火灾。

使用方法：灭火时只要将灭火器提到或扛到火场，在距燃烧物 5m 左右，放下灭火器拔出保险销，一手握住喇叭筒根部的手柄，另一只手紧握启闭阀的压把。对没有喷射软管的二氧化碳灭火器，应把喇叭筒往上扳 $70°\sim90°$。使用时，不能直接用手抓住喇叭筒外壁或金属连线管，防止手被冻伤。

推车式二氧化碳灭火器一般由两人操作，使用时两人一起将灭火器推或拉到燃烧处，在离燃烧物 10m 左右停下，一人快速取下喇叭筒并展开喷射软管后，握住喇叭筒根部的手柄，另一人快速按逆时针方向旋动手轮，并开到最大位置。灭火方法与手提式的方法一样。

使用二氧化碳灭火器时，在室外使用的，应选择在上风方向喷射。

（4）干粉灭火器适应火灾和使用方法

适用范围：碳酸氢钠干粉灭火器适用于易燃、可燃液体、气体及带电设备的初起火灾；磷酸铵盐干粉灭火器除可用于上述几类火灾外，还可扑救固体类物质的初起火灾。但都不能扑救金属燃烧火灾。

使用方法：灭火时，可手提或肩扛灭火器快速奔赴火场，在距燃烧处 5m 左右，放下灭火器。如在室外，应选择在上风方向喷射。使用的干粉灭火器若是外挂式储压式的，操作者应一手紧握喷枪、另一手提起储气瓶上的开启提环。如果储气瓶的开启是手轮式的，则向逆时针方向旋开，并旋到最高位置，随即提起灭火器。当干粉喷出后，迅速对准火焰的根部扫射。使用的干粉灭火器若是内置式储气瓶的或者是储压式的，操作者应先将开启把上的保险销拔下，然后握住喷射软管前端喷嘴部，另一只手将开启压把压下，打开灭火器进行灭火。有喷射软管的灭火器或储压式灭火器在使用时，一手应始终压下压把，不能放开，否则会中断喷射。

（5）推车式干粉灭火器适应火灾和使用方法

推车式干粉灭火器适应火灾和使用方法与手提式干粉灭火器的使用方法相同。

4. 灭火器的维护和管理

（1）使用单位必须加强对灭火器的日常管理和维护。

（2）使用单位要对灭火器的维护情况至少每季度检查一次。

（3）使用单位应当至少每12个月自行组织或委托维修单位对所有灭火器进行一次功能性检查。

5. 灭火器的使用期

从出厂日期算起，达到如下年限必须报废。

手提式化学泡沫灭火器：5年；

手提式酸碱灭火器：5年；

手提式清水火火器：6年；

手提式干粉灭火器（储气瓶式）：8年；

手提储压式干粉灭火器：10年；

手提式二氧化碳灭火器：12年；

推车式化学泡沫灭火器：8年；

推车式干粉灭火器（储气瓶式）：10年；

推车储压式干粉灭火器：12年；

推车式二氧化碳灭火器：12年。

另外，灭火器应每年至少进行一次维护检查。

（三）施工现场防火安全管理

1. 施工现场防火基本要求

（1）施工现场的消防工作，应遵照国家有关法律、法规，开展消防安全工作。

（2）施工单位的项目负责人应全面负责施工现场的防火安全工作。实行施工总承包的，由总承包单位负责。分包单位应向总承包单位负责，并应服从总承包单位的管理，同时应承担国家法律、法规规定的消防责任和义务。

（3）施工现场都要建立、健全防火检查制度，发现火险隐患，必须立即消除；一时难以消除的隐患，要定人员、定项目、定措施限期整改。

（4）施工现场要有明显的防火宣传标志。施工现场的义务消防人员，要定期组织教育培训，并将培训资料存入内业档案中。

（5）施工现场发生火警或火灾，应立即报告公安消防部门，并组织力量扑救。

（6）根据"四不放过"的原则，在火灾事故发生后，施工单位和建设单位应共同做好现场保护并会同消防部门进行现场勘察的工作。对火灾事故的处理提出建议，并积极落实防范措施。

（7）施工单位在承建工程项目签订的"工程合同"中，必须有防火安全的内容，会同建设单位做好防火工作。

（8）各单位在编制施工组织设计时，施工总平面图、施工方法和施工技术均要符合消防安全要求。

（9）施工现场必须配备足够的消防器材，做到布局合理。要害部位应配备不少于 4 具灭火器，要有明显的防火标志，指定专人经常检查、维护、保养、定期更新，保证灭火器材灵敏有效。

（10）施工现场夜间应有照明设备，并要安排力量加强值班巡逻。

（11）施工现场必须设置临时消防车道。其宽度不得小于 4m，并保证临时消防车道的畅通，禁止在临时消防车道上堆物、堆料或挤占临时消防车道。

（12）施工现场的重点防火部位或区域，应设置防火警示标识。

（13）临时消防车道、临时疏散通道、安全出口应保持畅通，不得遮挡、挪动疏散指示标识，不得挪用消防设施。

（14）施工单位应做好施工现场临时消防设施的日常维护工作，对已失效、损坏或丢失的消防设施，应及时更换、修复或补充。

（15）施工材料的存放、使用应符合防火要求。库房应采用非燃材料支搭。易燃易爆物品必须有严格的防火措施，应专库储存，分类单独存放，保持通风，配备灭火器材，指定防火负责人，确保施工安全。不准在工程内、库房内调配油漆、稀料。

（16）不准在高压架空线下面搭设临时性建筑物或堆放可燃物品。

（17）在建工程内不准作为仓库使用，不准存放易燃、可燃材料，不得设置宿舍。

（18）因施工需要进入工程内的可燃材料，要根据工程计划限量进入并采取可靠的防火措施。废弃材料应及时清除。

（19）从事油漆粉刷或防水等危险作业时，要有具体的防火要求，必要时派专人看护。

（20）施工现场严禁吸烟。

（21）施工现场和生活区，未经保卫部门批准不得使用电热器具。严禁工程中明火保温施工及宿舍内明火取暖。

（22）生活区的设置必须符合消防管理规定。严禁使用可燃材料搭设。

（23）生活区的用电要符合防火规定。用火要经保卫部门审批，食堂使用的燃料必须符合使用规定，用火点和燃料不能在同一房间内，使用时要有专人管理，停火时要将总开关关闭，经常检查有无泄漏。

（24）施工现场应明确划分用火作业、易燃可燃材料堆场、仓库、易燃废品集中站和生活区等区域。

2. 重点部位的防火要求

（1）易燃仓库的防火要求

1）易着火的仓库应设在水源充足、消防车能驶到的地方，并应设在下风方向。

2）可燃材料及易燃易爆危险品应按计划限量进场。进场后，可燃材料宜存放于库房内，如露天存放时，应分类成垛堆放，垛高不应超过 2m，单垛体积不应超过 50m³，垛与垛之间的最小间距不应小于 2m，且采用不燃或难燃材料覆盖。

易燃露天仓库四周内，应有宽度不小于 6m 的平坦空地作为消防通道，通道上禁止堆放障碍物。

3）易燃仓库堆料场与其他建筑物、铁路、道路、架高电线的防火间距，应按现行《建筑设计防火规范（2018 年版）》GB 50016 的有关规定执行。

4）易燃易爆危险品应分类专库储存，库房内应保持通风良好，并设置严禁明火标志。还应经常进行防火安全检查。

5）储量大的易燃仓库，应设两个以上的大门，并应将生活区、生活辅助区和堆场分开布置。

6）仓库或堆料场内一般应使用地下电缆，若有困难需设置架空电力线时，架空电力线与露天易燃物堆垛的最小水平距离，不应小于电杆高度的 1.5 倍。

7）仓库或堆料场所使用的照明灯与易燃堆垛间至少应保持 1m 的距离。

8）安装的开关箱、接线盒，应距离堆垛外缘不小于 1.5m，不准乱拉临时电气线路。

9）仓库或堆料场严禁使用碘钨灯，以防电气设备起火。

10）对仓库或堆料场内的电气设备，应经常检查维修和管理，储存大量易燃品的仓库场地应设置独立的避雷装置。

（2）电焊、气割场所的防火要求

1）一般要求

① 焊、割作业点与氧气瓶、电石桶和乙炔发生器等危险物品的距离不得少于 10m，与易燃易爆物品的距离不得少于 30m。

② 气瓶应保持直立状态，并采取防倾倒措施，乙炔瓶严禁横躺卧放。严禁碰撞、敲打、抛掷、滚动气瓶。

乙炔发生器和氧气瓶之间的存放距离不得少于 2m，使用时两者的距离不得少于 5m。

③ 氧气瓶、乙炔发生器等焊割设备上的安全附件应完整而有效，否则严禁使用。

④ 施工现场的焊、割作业，必须符合防火要求。

2）乙炔站的防火要求

① 乙炔属于甲类易燃易爆物品，乙炔站的建筑物应采用一、二级耐火等级，一般应为单层建筑，与有明火的操作场所应保持 30～50m 间距。

② 乙炔站泄压面积与乙炔站容积的比值应在 0.05～0.22m^2/m^3。房间和乙炔发生器操作平台应有安全出口，应安装百叶窗和出气口，门应向外开启。

③ 乙炔房与其他建筑物和临时设施的防火间距，应符合现行《建筑设计防火规范（2018 年版）》GB 50016 的要求。

④ 乙炔房宜采用不发生火花的地面，金属平台应铺设橡皮垫层。

⑤ 有乙炔爆炸危险的房间与无爆炸危险的房间（更衣室、值班室），不能直通。

⑥ 乙炔生产厂房应采用防爆型的电气设备，并在顶部开自然通风窗口。

⑦ 操作人员不应穿着带铁钉的鞋及易产生静电的服装。

3）电石库的防火要求

① 电石库属于甲类物品储存仓库。电石库的建筑应采用一、二级耐火等级。

② 电石库应建在长年风向的下风方向，与其他建筑及临时设施的防火间距应符合现行《建筑设计防火规范（2018 年版）》GB 50016 的要求。

③ 电石库不应建在低洼处，库内地面应高于库外地面 220cm，同时不能采用易发火花的地面，可用木板或橡胶等铺垫。

④ 电石库应保持干燥、通风，不漏雨水。

⑤ 电石库的照明设备应采用防爆型，应使用不发火花型的开启工具。

⑥ 电石渣及粉末应随时进行清扫。

（3）油漆料库与调料间的防火要求

1）油漆料库与调料间应分开设置，油漆料库和调料间应与散发火花的场所保持一定的防火间距。

2）性质相抵触、灭火方法不同的品种，应分库存放。

3）涂料和稀释剂的存放和管理，应符合《仓库防火安全管理规则》的要求。

4）调料间应有良好的通风，并应采用防爆电气设备，室内禁止一切火源。调料间不能兼作更衣室和休息室。

5）调料人员应穿不易产生静电的工作服，不带钉子的鞋。使用开启涂料和稀释剂包装的工具，应采用不易产生火花型的工具。

6）调料人员应严格遵守操作规程，调料间内不应存放超过当日加工所用的原料。

（4）木工操作间的防火要求

1）操作间建筑应采用阻燃材料搭建。

2）操作间冬季宜采用暖气（水暖）供暖。如用火炉取暖时，必须在四周采取挡火措施；不应用燃烧劈柴、刨花代煤取暖。每个火炉都要有专人负责，下班时要将余火彻底熄灭。

3）电气设备的安装要符合要求。抛光、电锯等部位的电气设备应采用密封式或防爆式。刨花、锯末较多部位的电动机，应安装防尘罩。

4）操作间内严禁吸烟和用明火作业。

5）操作间只能存放当班的用料，成品及半成品要及时运走。木工应做到活完场地清，刨花、锯末每班都打扫干净，倒在指定地点。

6）严格遵守操作规程，对旧木料一定要经过检查，起出铁钉等金属后，方可上锯锯料。

7）配电盘、刀闸下方不能堆放成品、半成品及废料。

8）工作完毕应拉闸断电，并经检查确认无火险后方可离开。

（5）地下工程施工的防火要求

地下工程施工中除了遵守正常施工中的各项防火安全管理制度和要求，还应遵守以下防火安全要求：

1）施工现场的临时电源线不宜直接敷设在墙壁或土墙上，应用绝缘材料架空安装。配电箱应采取防水措施，潮湿地段或渗水部位照明灯具应采取相应措施或安装防潮灯具。

2）施工现场应有不少于两个出入口或坡道，施工距离长应适当增加出入口的数量。施工区面积不超过 $50m^2$，且施工人员不超过 20 人时，可只设一个直通地上的安全出口。

3）安全出入口、疏散走道和楼梯的宽度应按其通过人数每 100 人不小于 1m 的净宽计算。每个出入口的疏散人数不宜超过 250 人。安全出入口、疏散走道、楼梯的最小净宽不应小于 1m。

4）疏散走道、楼梯及坡道内，不宜设置突出物或堆放施工材料和机具。

5）疏散走道、安全出入口、疏散马道（楼梯）、操作区域等部位，应设置火灾事故照明灯。火灾事故照明灯在上述部位的最低照度应不低于 5lx。

6）疏散走道及其交叉口、拐弯处、安全出口处应设置疏散指示标志灯。疏散指示标志灯的间距不易过大，距地面高度应为 1~1.2m，标志灯正前方 0.5m 处的地面照度不应低于 1lx。

7）火灾事故照明灯和疏散指示灯工作电源断电后，应能自动投合。

8）地下工程施工区域应设置消防给水管道和消火栓，消防给水管道可以与施工用水管道合用。特殊地下工程不能设置消防用水时，应配备足够数量的轻便消防器材。

9）地下工程的施工作业场所宜配备防毒面具。

10）大面积油漆粉刷和喷漆应在地面施工，局部的粉刷可在地下工程内部进行，但一次粉刷的量不宜过多，同时在粉刷区域内禁止一切火源，加强通风。

11）禁止中压式乙炔发生器在地下工程内部使用及存放。

12）应备有通信报警装置，便于及时报告险情。

13）制定应急的疏散计划。

3. 施工防火措施

施工中必须从实际出发，始终贯彻"预防为主，防消结合"的消防工作方针，因地制宜地进行科学的管理。

(1) 领导重视，明确目标

1）施工单位各级领导要重视施工防火安全，始终将防火工作放在重要位置。项目部要将防火工作列入项目经理的议事日程，做到同计划、同布置、同检查、同总结、同评比，交施工任务同时交防火要求，使防火工作做到经常化，制度化，群众化。

2）按照"谁主管，谁负责"的原则，从上到下建立多层次的防火管理网络，实行分工负责制，明确施工防火的目标和任务，使施工现场防火安全得到组织保证。建立防火领导小组，成立业主、施工单位、安装单位等参加的综合治理防火办公室，协调工地防火管理。领导小组或联合办公室要坚持每月召开防火会议和每月进行一次防火安全检查制度，找出施工过程中的薄弱环节，针对存在问题的原因制订落实整改措施。

3）成立义务消防队，每个班组都要有一名义务消防员为班组防火员，负责班组施工的防火。同时要根据工程建筑面积、楼层的层数和防火重要程度，配专职防火干部、专职消防员、专职动火监护员，对整个工程进行防火管理，检查督促，配置器材和巡逻监护。

4）领导小组要加强同上级主管部门、消防监督机关和周围地区的横向联系，加强对施工队的管理、检查和督促。建立多层次的防火管理网络，使现场防火工作始终处于受控状态，增强工地的防火工作应变能力，保障施工的顺利进行。

（2）建立制度，强化管理

1）施工要建立严格的《消防管理制度》《施工材料和化学危险品仓库管理制度》等一系列防火安全制度和各工种的安全操作责任制，狠抓措施落实，进行强化管理，是防止火灾事故发生的根本保证。

2）与各个分包队伍签订防火安全协议书，详细进行防火安全技术措施的交底。对木工操作场所的木屑刨花要明确做到日做日清，油漆等易燃物品要妥善保管，不准在更衣室等场所乱堆乱放，力求减少火险隐患。

3）加强原材料的管理，要做到专人、专库、专管，施工前向施工班组做好安全技术交底，并实行限额领料、余料回收制度。施工中要将这些易燃材料的施工区域划为禁火区域，安置醒目的警戒标识并加强专人巡逻监护。施工完毕，负责施工的班组要对易燃的包装材料、装饰材料进行清理，要求做到随时做，随时清，现场不留火险。

（3）严格控制火源，执行安全措施

1）每项工程都要划分动火级别。

2）按照动火级别进行动火申请和审批。

3）焊割工要持操作证、动火证进行操作，并接受监护人的监护和配合。

4）监护人要持动火证，在配有灭火器材情况下进行监护，监护时严格履行监护人的职责。

5）危险性大的场所焊割，工程技术人员要按照规定制订专项安全技术措施方案。焊割工必须按方案程序进行动火操作。

6）焊割工动火操作中要严格执行焊割操作规程，执行"十不烧"规定，瓶与瓶之间保持 5m 以上间距，瓶与明火保持 10m 以上间距，瓶的出口和割具进口的四个口要用扎头扎牢。施工现场应严格禁止吸烟，并且设置固定的吸烟点。在防火管理方面，不按照规定监控而发生火灾事故，就要按事故性质和损失程度追查责任。

（4）足额配置器材，配置分布合理

1）20 层（含 20 层）以上的高层建筑施工，应安装临时消防竖管，管径不得小于 75mm，消防干管直径不小于 100mm。设置灭火专用的足够扬程的高压水泵，每个楼层应安装消火栓，配置消防水龙带，周围 3m 内不准存放物品，配置数量应视面积大小而定。严禁消防竖管作为施工用水管线。为保证水源，大楼底层应设蓄水池（不小于 20m³）。当高层建筑层次高而水压不足时，在楼层中间应设接力泵，地下消火栓必须符合防火规范。

2）高压水泵、消防水管只限消防专用，消防泵的专用配电线路，应引自施工现场总断路器的上端，要保证连续不间断供电。消防泵房应使用非燃材料建造，位置设置合理，便于操作，并设专人管理、使用和维修、保养，以保证水泵完好，正常运转。

3）所有消防泵、消火栓和其他消防器材的部位，要有醒目的防火标识。

4）建筑工程施工，应按楼层面积，一般每 100m² 设 2 个灭火器，同时备有通信报警装置，便于及时报告险情。施工现场灭火器材的配置，要根据工程开工后工程进度和施工实际及时配好，不能只按固定模式，而应灵活机动，易燃物品、动用明火多的场所和部位相对多配一些。灭火器材配置要有针对性，如配电间不应配酸式泡沫灭火机，仪器仪表室要配干粉灭火机等。一切灭火器材性能要安全良好。

5）通信联络工具要有效、齐全，联得上、传得准。特别是消防用水泵房等应予重点关注。凡是安装高压水泵的要有值班管理制度，未安装高压水泵的工程，也应保证水源供应。

6）施工期间，不得堆放易燃易爆危险物品。如确需存放，应在堆放区域配置专用灭火器材。

7）要弄清工程四周消火栓的分布情况，不仅要在现场平面布置图上标明，而且要让施工管理人员、义务消防队员、工地门卫都知道，一旦施工中发生火险，能及时利用水源。

（5）现场布置合规，施工组织合理

1）工程技术管理人员在制订施工组织设计时，要同时考虑防火安全技术措施，并及时征求防火管理人员的意见，尽量做到安全、合理。防火管理人员在参与审核现场平面布置图时，要到现场实地察看，对大型临时设施布置是否安全，有权提出修改施工组织设计中有关安全方面的问题。因此，工程技术与防火管理人员要互相配合，力求把施工现场中的临时设施设置和施工中防火安全要求结合起来，合理并尽可能完善。

2）现场防火管理人员，要熟知以下工作并建立防火档案资料：工程本身施工特点及环境；水源和消火栓的位置；火火器材种类、性能、分布；高压水泵功率、管子口径，扬程高度。

3）工程开工后，防火管理人员的首要工作就是要制订各种防火安全制度。首先是各个工种防火安全责任制的制订，防火责任书的签订，防火安全技术交底，防火档案等。对木工车间、危险品库、油漆间、配电间等重点部位要制度上墙，防火器材等都要同步配置。其次是日常工作，一定要抓措施落实，抓检查督促，抓违章违纪行为的处理。

4）对现场防火管理，首先要抓好重点，其次要抓好薄弱环节，把着眼点放在容易发生事故的关键部位，严格监控。如焊割工、电工、油漆工、仓库管理员等特殊工种。每个单位都有一整套完整的管理制度规定，但在施工现场关键是抓落实。

4. 季节性防火要求

（1）冬期施工的防火要求

强化冬期防火安全教育，提高全体员工的防火意识。对全体员工进行冬期施工的防火安全教育是做好冬期施工防火安全工作的关键。只要人人重视防火工作，处处想着防火工作，在做每一件工作时都与防火工作相联系，不断提高全体员工防火意识，冬期施工防火工作就有了保证。

(2) 雨期和夏期施工的防火要求

1）雨期施工中电气设备的防火要求

① 雨期施工到来之前，应对每个配电箱、用电设备进行一次检查，并采取相应的防雨措施，防止因短路造成起火事故。

② 在雨季要随时检查有树木地方电线的情况，及时改变线路的方向或砍掉离电线过近的树枝。

2）防雷设施的要求

① 油库、易燃易爆物品库房、塔式起重机、卷扬机架、脚手架、在施的高层建筑工程等部位及设施都应安装避雷设施。

② 防止雷击的方法是安装避雷装置，其基本原理是将雷电引入大地而消失，以达到防雷的目的。所安装的避雷装置必须能保护住受保护的部位或设施。避雷装置的组成部分必须符合规定，接地电阻不应大于规定的欧姆数值。

③ 每年雨季来临之前，应对避雷装置进行一次全面检查，并用仪器进行摇测，发现问题及时解决，使避雷装置处于良好状态。

3）雨期施工中对易燃、易爆物品的防火要求

① 电石、乙炔气瓶、氧气瓶、易燃液体等应在库内或棚内存放，禁止露天存放，防止因受雷雨、日晒发生起火事故。

② 生石灰、石灰粉的堆放应远离可燃材料，防止因受潮或雨淋产生高热，引起周围可燃材料起火。

七、施工现场安全用电基本知识

（一）施工现场临时用电管理

1. 临时用电管理

（1）施工现场操作电工必须经过按国家现行标准考核合格后，持证上岗工作。

（2）各类用电人员必须通过相关安全教育培训和技术交底，掌握安全用电基本知识和所用设备的性能，考核合格后方可上岗工作。

（3）安装、巡检、维修或拆除临时用电设备和线路，必须由电工完成，并应有人监护。

（4）临时用电组织设计规定：

1）施工现场临时用电设备在 5 台及以上或设备总容量在 50kW 及以上的，应编制用电组织设计。

2）装饰装修工程或其他特殊施工阶段，应补充编制单项施工用电方案。

（5）临时用电组织设计及变更必须由电气工程技术人员编制，相关部门审核，具有法人资格企业的技术负责人批准，经现场监理签认后实施。

（6）临时用电工程必须经编制、审核、批准部门和使用单位共同验收，合格后方可投入使用。

（7）临时用电工程定期检查应按分部、分项工程进行，对安全隐患必须及时处理，并应履行复查验收手续。

2. 《施工现场临时用电安全技术规范（附条文说明）》 JGJ 46—2005 中的强制性条文

（1）施工现场临时用电工程电源中性点直接接地的 220/380V 三相四线制低压电力系统，必须符合下列规定：采用三级配电系统；采用 TN-S 接零保护系统；采用二级漏电保护系统。

（2）当采用专用变压器、TN-S 接零保护供电系统的施工现场，电气设备的金属外壳必须与保护零线连接。保护零线应由工作接地线、配电室（总配电箱）电源侧零线或总漏电保护器电源侧零线处引出。

（3）当施工现场与外电线路共用同一供电系统时，电气设备的接地、接零保护应与原系统保持一致，不得一部分设备做保护接零，另一部分设备做保护接地。

（4）TN-S 系统中的保护零线除必须在配电室或总配电箱处做重复接地外，还必须在配电系统的中间处和末端处做重复接地。

（5）配电柜应装设电源隔离开关及短路、过载、漏电保护器。电源隔离开关分断时，应有明显可见的分断点。

（6）配电箱的电器安装板上必须分设 N 线端子板和 PE 线端子板。N 线端子板必须与金属电器安装板绝缘；PE 线端子板必须与金属电器安装板做电气连接。

（7）配电箱、开关箱的电源进线端严禁采用插头和插座做活动连接。

（8）对混凝土搅拌机、钢筋加工机械、木工机械、盾构机械等设备进行清理、检查、维修时，必须将其开关箱分闸断电，呈现可见电源分断点，并关门上锁。

（9）下列特殊场所应使用安全特低电压照明器：

1）隧道、人防工程、高温、有导电灰尘、比较潮湿或灯具离地面高度低于 2.5m 等场所的照明，电源电压不应大于 36V。

2）潮湿和易触及带电体场所的照明，电源电压不得大于24V。

3）特别潮湿场所、导电良好的地面、锅炉或金属容器内的照明，电源电压不得大于12V。

（10）照明变压器必须使用双绕组型安全隔离变压器，严禁使用自耦变压器。

（11）对夜间影响飞机或车辆通行的在建工程及机械设备，必须设置醒目的红色信号灯，其电源应设在施工现场总电源开关的前侧，并应设置外电线路停止供电时的应急自备电源。

（二）施工现场配电线路布置

1. 架空线路敷设基本要求

（1）施工现场架空线路必须采用绝缘导线。

（2）导线长期连续负荷电流应小于导线计算负荷电流。

（3）三相四线制线路的 N 线和 PE 线截面不小于相线截面的 50%，单相线路的零线截面与相线截面相同。

（4）架空线路必须有短路保护。采用熔断器做短路保护时，其熔体额定电流不应大于明敷绝缘导线长期连续负荷允许载流量的 1.5 倍。

（5）架空线路必须有过载保护。采用熔断器或断路器做过载保护时，绝缘导线长期连续负荷允许载流量不应大于熔断器熔体额定电流或断路器长延时过流脱扣器脱扣电流整定值的 1.25 倍。

2. 电缆线路敷设基本要求

（1）电缆中必须包含全部工作芯线和作保护零线的芯线，即五芯电缆。

（2）五芯电缆必须包含淡蓝、绿/黄两种颜色绝缘芯线。淡蓝色芯线必须用作 N 线；绿/黄双色芯线必须用作 PE 线，严禁混用。

（3）电缆线路应采用埋地或架空敷设，严禁沿地面明设，并应避免机械损伤和介质腐蚀。

（4）直接埋地敷设的电缆过墙、过道、过临建设施时，应套钢管保护。

（5）电缆线路必须有短路保护和过载保护。

3. 室内配线要求

（1）室内配线必须采用绝缘导线或电缆。

（2）室内非埋地明敷主干线距地面高度不得小于 2.5m。

（3）室内配线必须有短路保护和过载保护。

（三）配电箱与开关箱的设置

（1）配电系统应采用配电柜或总配电箱、分配电箱、开关箱三级配电方式。

（2）总配电箱应设在靠近进场电源的区域，分配电箱应设在用电设备或负荷相对集中的区域，分配电箱与开关箱的距离不得超过 30m，开关箱与其控制的固定式用电设备的水平距离不宜超过 3m。

（3）每台用电设备必须有各自专用的开关箱，严禁用同一个开关箱直接控制 2 台及 2 台以上用电设备（含插座）。

（4）配电箱、开关箱（含配件）应装设端正、牢固。固定式配电箱、开关箱的中心点与地面的垂直距离应为 1.4～1.6m。移动式配电箱、开关箱应装设在坚固、稳定的支架上，其中心点与地面的垂直距离宜为 0.8～1.6m。

（5）配电箱的电器安装板上必须分设 N 线端子板和 PE 线端子板。N 线端子板必须与金属电器安装板绝缘；PE 线端子板必须与金属电器安装板做电气连接。进出线中的 N 线必须通过

N 线端子板连接，PE 线必须通过 PE 线端子板连接。

（6）配电箱、开关箱的金属箱体、金属电器安装板以及电器正常不带电的金属底座、外壳等，必须通过 PE 线端子板与 PE 线做电气连接，金属箱门与金属箱体必须采用编织软铜线做电气连接。

八、施工现场急救知识

(一) 应急救护要点

1. 现场急救的概念

现场急救是指一些意外伤害、急重病人在未到达医院前得到及时有效的急救措施。现场急救首要任务是抢救生命、减少伤员痛苦、减少和预防伤情加重及发生并发症，正确而迅速地把伤病员转送到医院。

2. 急救的步骤

(1) 建立早期通路：呼救寻求帮助，拨打"120"急救电话；

(2) 初步识别伤、病情，清除伤病员身上有碍急救的物品；

(3) 进行早期CPR（现场心肺复苏）：在寻求帮助或报警后，对意识丧失的伤病员进行早期CPR，保证早期的、初级的生命支持；

(4) 进行有效的止血、包扎、固定、搬运：对意识清楚但存在出血、骨折的伤病员进行有效的止血包扎和骨折的固定；

(5) 维持急救现场的秩序，实施伤病员的转运或等待专业急救人员的到来。

(二) 施工现场急救常识

1. 急救电话

工伤事故现场重病人抢救应拨打"120"急救电话，请医疗单位急救；火警、火灾事故应拨打"119"火警电话，请消防部门急救；发生抢劫、偷盗、斗殴等情况应拨打报警电话"110"，向公安部门报警。

在拨打紧急电话时，要尽量说清楚以下内容：

（1）说明伤情（病情、火情、案情）和已经采取了些什么措施，以便让救护人员事先做好急救的准备；

（2）讲清楚伤者（事故发生）的具体位置。什么路多少号，靠近什么路口，提供附近有特征的建筑物的信息。

（3）说明报救者单位、姓名（或事故地）的电话或移动电话号码以便救护车（消防车、警车）找不到所报地点时，随时通过电话通讯联系。

（4）一般打完报救电话后，应问接报人员还有什么问题不清楚，如无问题才能挂断电话。通完电话后，应派人在现场外等候接应救护车（消防车、警车），同时把救护车（消防车、警车）进工地现场的路上障碍及时予以清除，以利救护到达后，能及时进行抢救。

2. 施工现场常备的急救物品和应急设备

施工现场按要求配备急救箱。急救箱配备以简单、适用为原则，保证现场急救的基本需要，并可根据不同情况予以增减，定期检查、更换超过消毒期的敷料和过潮药品，每次急救后要及时补充。确保随时可供急救使用。急救箱应有专人保管，但不要上锁。急救箱应放置在合适的位置，并使现场人员都知道。

（1）救护常用物品

血压计、体温计、氧气瓶（便携式）及流量计、纱布、胶布、外用绷带（弹性绷带）、止血带、消毒棉球或棉棒、无菌敷料、三角巾、创可贴、（大、小）剪刀、镊子、手电筒、热水袋（可作冰袋用）、缝衣针或针灸针、火柴、一次性塑料袋、夹板、别针、病史记录、处方。

(2) 消毒和保护用品

口罩、无菌橡皮手套、一次性导气管、肥皂或洗手液、消毒纸巾、外用酒精。

(3) 常用药品

云南白药、好得快、红花油、烫伤膏、氨茶碱、10％葡萄糖、25％葡萄糖、10％葡萄糖酸钙、维生素、生理盐水、氨水、乙醚、酒精、碘酒、高锰酸钾等。

(4) 其他应急设备和设施

由于在现场经常会出现一些不安全情况，甚至发生事故，或因采光和照明情况不好，在应急处理时需配备应急照明，如可充电工作灯。

由于现场有危险情况，在应急处理时就需有用于危险区域隔离的警戒带、各类安全禁止、警告、指令、提示标志牌。

有时为了安全逃生、救生需要，还必须配置安全带、安全绳、担架等专用应急设备和设施工具。

3. 施工现场基本急救方法

施工现场易发生创伤性出血和心跳呼吸骤停，了解有关的基本急救方法非常必要。

(1) 创伤性出血现场急救

创伤性出血现场急救是根据现场实际条件及时地、正确地采取暂时性地止血，清洁包扎，固定和运送等方面措施。

1) 常用的止血方法

① 加压包扎止血：是最常用的止血方法，在外伤出血时应首先采用。

② 指压动脉出血近心端止血法：该方法简便、迅速有效，但不持久。

③ 止血带止血法：用加压包扎止血法不能奏效的四肢大血管出血，应及时采用止血带止血。

2）包扎、固定

创伤处用消毒的敷料或清洁的医用纱布覆盖，再用绷带或布条包扎，既可以保护创口，预防感染，又可减少出血、帮助止血。在肢体骨折时，又可借助绷带包扎夹板来固定受伤部位上下两个关节，减少损伤，减少疼痛，预防休克。

3）搬运

经现场止血、包扎、固定后的伤员，应尽快正确地搬运转送医院抢救。不正确的搬运，可导致继发性的创伤，加重病痛，甚至威胁生命。搬运伤员要点：

① 在肢体受伤后局部出现疼痛、肿胀、功能障碍、畸形变化，表明可能发生骨折。宜在止血包扎固定后再搬运，防止骨折断端可能因搬运震动而移位，加重疼痛，再继发损伤附近的血管神经，使创伤加重。

② 在搬运严重创伤伴有大出血或已休克的伤员时，要平卧运送伤员，头部可放置冰袋或戴冰帽，路途中要尽量避免震荡。

③ 在搬运高处坠落伤员时，若疑有脊椎受伤可能的，一定要使伤员平卧在硬板上搬运，切忌只抬伤员的两肩与两腿或单肩背运伤员。因为这样会使伤员的躯干过分屈曲或过分伸展，致使已受伤了的脊椎移位，甚至断裂将造成截瘫，严重者导致死亡。

4）创伤救护的注意事项

① 护送伤员的人员，应向医生详细介绍受伤经过。

② 高处坠落的伤员，在已确诊有颅骨骨折时，即便当时神志清楚，但若伴有头痛、头晕、恶心、呕吐等症状，仍应劝其留院观察。

③ 在房屋倒塌、土方陷落、交通事故中，在肢体受到严重挤压后，局部软组织因缺血而呈苍白，皮肤温度降低，感觉麻木，肌肉无力。一般在解除肢体压迫后，应马上用弹性绷带缠绕伤肢，以免发生组织肿胀，还要给以固定，令其少动，以减少和延缓毒性分解产物的释放和吸收。这种情况下的伤肢就不

应该抬高，不应该局部按摩，不应该施行热敷，不应该继续活动。

④ 胸部受损的伤员，实际损伤常比胸壁表面所显示的更为严重，有时甚至完全表里分离。要提高警惕，以免误诊，影响救治。在下胸部受伤时，要想到腹腔内脏受击伤引起内出血的可能。

⑤ 人体受到创伤时，尤其在严重创伤时，常常是多种性质外伤复合存在。应提醒医院全面考虑，综合分析诊断。

⑥ 引起创伤性休克的主要原因是创伤后的剧烈疼痛，失血引起的休克以及软组织坏死后的分解产物被吸收而中毒。处于休克状态的伤员要让其安静、保暖、平卧、少动，并将下肢抬高约20°，及时止血、包扎、固定伤肢以减少创伤疼痛，尽快送医院进行抢救治疗。

（2）心搏骤停的急救

在施工现场的伤病员心跳呼吸骤停，即突然意识丧失、脉搏消失、呼吸停止的，在颈部、喉头两侧摸不到大动脉搏动时的急救方法。

1）口对口（口对鼻）人工呼吸法

一旦确定病人呼吸停止，应立即进行人工呼吸，最常见、最方便的人工呼吸手法是口对口人工呼吸。

① 伤员取平卧位，冬季要保暖，解开衣领、松开围巾或紧身衣着，解松裤带，以利呼吸时胸廓的自然扩张。可以在伤员的肩背下方垫以软物，使伤员的头部充分后仰，呼吸道尽量畅通，减少气流时的阻力，确保有效通气量，同时也可以防止因舌根陷落而堵塞气流通道。然后将病人嘴巴掰开，用手指清除口腔内的异物。

② 抢救者跪卧在伤员的一侧，以近其头部的一手紧捏伤员的鼻子（避免漏气），并将手掌外缘压住额部，另一只手托在伤员颈后，将颈部上抬，头部充分后仰，呈鼻孔朝天位，使嘴巴张开准备接受吹气。

③ 急救者先深吸一口气，然后用嘴紧贴伤员的嘴巴大口将气吹入病人的口腔，经由呼吸道到肺部。一般先连续、快速向伤病员口内吹气四次，同时观察其胸部是否膨胀隆起，以确定吹气是否有效和吹气适度是否恰当。这时吹入病人口腔的气体，含氧气为18%，这种氧气浓度可以维持病人最低限度的需氧量。

④ 吹气停止后，口唇离开，急救者头稍侧转，并立即放松捏紧鼻孔的手，让气体从伤员肺部排出。此时应注意病人的胸部有无起伏，如果吹气时胸部抬起，说明气道畅通，口对口吹气的操作是正确的。同时还要倾听呼气声，观察有无呼吸道梗阻现象。

⑤ 如此反复而有节律地人工呼吸，不可中断。每次吹气量平均900mL，吹气的频率为每分钟12～16次。

采用口对口人工呼吸法要注意：

① 口对口吹气时的压力需掌握好，刚开始时可略大些，频率也可稍快一些，经10～20次人工吹气后逐步减小吹气压力，只要维持胸部轻度升起即可。对幼儿吹气时，不必捏紧鼻孔，应让其自然漏气，为防止压力过高，急救者仅用颊部力量即可。

② 如遇到口腔严重外伤、牙关紧闭，不宜做口对口人工呼吸，可采用口对鼻人工呼吸。吹气时可改为捏紧伤员嘴唇，急救者用嘴紧贴伤员鼻孔吹气，吹气时压力应稍大，时间也应稍长，效果相仿。

③ 整个动作要正确，力量要恰当，节律要均匀，不可中断。当伤员出现自主呼吸时方可停止人工呼吸，但仍需严密观察伤员，以防呼吸再次停止。

2）体外心脏按压法

体外心脏按压是指通过人工方法，有节律地对心脏按压，来代替心脏的自然收缩，从而达到维持血液循环的目的，进而求得恢复心脏的自主节律，挽救伤员生命。

体外心脏按压通常适用于因电击引起的心跳骤停抢救。在日常生活中很多情况都可引起心跳骤停，都可以使用体外心脏按压法来进行心脏复苏抢救，但对高处坠落和交通事故等损伤性挤压伤，因伤员伤势复杂，往往同时伴有多种外伤存在。这种情况下心跳停止的伤员就忌用体外心脏按压。此外，对于触电同时发生内伤，应分情况酌情处理，如不危及生命的外伤，可放在急救之后处理，而若伴创伤性出血者，还应进行伤口清理预防感染和止血，然后将伤口包扎好。

体外心脏按压法操作方法如下：

① 使伤员就近仰卧于硬板上或地上，以保证挤压效果。注意保暖，解开伤员衣领，使头部后仰侧偏。

② 抢救者站在伤员左侧或跪跨在病人的腰部。

③ 抢救者以一手掌根部置于伤员胸骨下 1/3 段，即中指对准其颈部凹陷的下缘，另一手掌交叉重叠于该手背上，肘关节伸直，依靠体重和臂、肩部肌肉的力量，垂直用力，向脊柱方向冲击性地用力施压胸骨下段，使胸骨下段与其相连的肋骨下陷 3～4cm，间接压迫心脏，使心脏内血液搏出。

④ 按压后突然放松（要注意掌根不能离开胸壁）依靠胸廓的弹性使胸骨复位。此时心脏舒张，大静脉的血液就会回流到心脏。

采用体外心脏按压法要注意：

① 操作时定位要准确，用力要垂直适当，要有节奏地反复进行，要注意防止因用力过猛而造成继发性组织器官的损伤或肋骨骨折。

② 挤压频率一般控制在 60～80 次/min 左右，但有时为了提高效果可增加挤压频率到 100 次/min。

③ 抢救时必须同时兼顾心跳和呼吸，即使只有一个人，也必须同时进行口对口人工呼吸和体外心脏按压，此时可以先吸两口气，再挤压，如此反复交替进行。

④ 抢救工作一般需要很长时间，必须耐心地持续进行，任何时刻都不能中止，即使在送往医院途中，也一定要继续进行抢救，边救边送。

⑤ 如果发现伤员嘴唇稍有启合、眼皮活动或有吞咽动作时，应注意伤员是否已有自动心跳和呼吸。

⑥ 如果伤员经抢救后，出现面色好转、口唇转红、瞳孔缩小、大动脉搏动触及、血压上升、自主心跳和呼吸恢复，可暂停数秒进行观察。如果停止抢救后，伤员仍不能维持正常的心跳和呼吸，则必须继续进行体外心脏按压，直到伤员身上出现尸斑或身体僵冷等生物死亡征象时，或接到医生通知伤员已死亡时，方可停止抢救。一般在心肺同时复苏抢救 30min 后，若心脏自主跳动不恢复，瞳孔仍散大且光反射仍消失，说明伤员已进入组织死亡，可以停止抢救。

4. 救护车到达前的急救常规

（1）必须保持病人的正确体位，切勿随便推动或搬运病人，以免病情加重。

（2）昏迷、呕吐病人头侧向一边。

（3）脑外伤、昏迷病人不要抱着头乱晃。

（4）高空坠落伤者，不要随便搬头抱脚移动。

（5）将病人移到安全、易于救护的地方，如煤气中毒病人移到通风处。

（6）选择病人适宜的体位，安静卧床休息。

（7）保持呼吸道通畅。已昏迷的病人，应将呕吐物、分泌物掏取出来或头侧向一边顺位引流出来。

（8）外伤病人给予初步止血、包扎、固定。

（9）待救护车到达后，应向急救人员详细地讲述病人的病情、伤情以及发展过程、采取的初步急救措施。

（三）施工现场应急处理措施

1. 塌方伤害

塌方伤害是由塌方、垮塌而造成的病人被土石方、瓦砾等压埋，发生掩埋窒息，土方石块埋压肢体或身体导致的人体损伤。

急救要点：

（1）迅速挖掘抢救出压埋者。尽早将伤员的头部露出来，即刻清除其口腔、鼻腔内的泥土、砂石，保持呼吸道的通畅。

（2）救出伤员后，先迅速检查心跳和呼吸。如果心跳呼吸已停止，立即先连续进行两次人工呼吸。

（3）在搬运伤员中，防止肢体活动，不论有无骨折，都要用夹板固定，并将肢体暴露在凉爽的空气中。

（4）发生塌方意外事故后，必须拨打"120"急救电话报警。

（5）切忌对压埋受伤部位进行热敷或按摩。

（6）必须注意以下事项：

1）肢体出血禁止使用止血带止血，因为可加重挤压综合征。

2）脊椎骨折或损伤固定和搬运原则，应使脊椎保持平行，不要弯曲扭动，以防止损伤脊髓神经。

2. 高处坠落摔伤

高处坠落摔伤是指从高处坠落而导致受伤。

急救要点：

（1）坠落在地的伤员，应初步检查伤情，不乱搬动摇晃，应立即呼叫"120"急救医生前来救治。

（2）采取初步救护措施：止血、包扎、固定。

（3）怀疑脊柱骨折，按脊柱骨折的搬运原则急救。切忌一人抱胸，一人扶腿搬运。伤员上下担架应由3～4人分别抱住头、胸、臀、腿，保持动作一致平稳，避免脊柱弯曲扭动，加重伤情。

3. 触电

急救要点：

（1）迅速关闭开关，切断电源，使触电者尽快脱离电源。确认自己无触电危险再进行救护。

（2）用绝缘物品挑开或切断触电者身上的电线、灯、插座等带电物品。

绝缘物品有干燥的竹竿、木棍、扁担、擀面杖、塑料棒等，带木柄的铲子、电工用绝缘钳子。抢救者可站在绝缘物体上，如胶垫、木板，穿着绝缘的鞋，如塑料鞋、胶底鞋等进行抢救。

（3）触电者脱离电源后，立即将其抬至通风较好的地方，解开病人衣扣、裤带。轻型触电者在脱离电源后，应就地休息1~2h再活动。

（4）如果呼吸、心跳停止，必须争分夺秒进行口对口人工呼吸和胸外心脏按压。

触电者必须坚持长时间的人工呼吸和心脏按压。

（5）立即呼叫"120"急救医生到现场救护，并在不间断抢救的情况下护送医院进一步急救。

4. 挤压伤害

挤压伤害是指因暴力、重力的挤压或土块、石头等的压埋引起的身体伤害，可造成肾脏功能衰竭的严重情况。

急救要点：

（1）尽快解除挤压的因素，如被压埋，应先从废墟下扒救出来。

（2）手和足趾的挤压伤。指（趾）甲下血肿呈黑紫色，可立即用冷水冷敷，减少出血和减轻疼痛。

（3）怀疑已经有内脏损伤，应密切观察有无休克先兆。

（4）严重的挤压伤，应呼叫"120"急救医生前来处理，并护送到医院进行外科手术治疗。

（5）千万不要因为受伤者当时无伤口，而忽视治疗。

（6）在转运中，应减少肢体活动，不管有无骨折都要用夹板固定，并将肢体暴露在凉爽的空气中，切忌按摩和热敷，以免加重病情。

5. 硬器刺伤

硬器刺伤是指刀具、碎玻璃、铁丝、铁钉、铁棍、钢筋、木刺造成的刺伤。

急救要点：

（1）较轻的、浅的刺伤，只需消毒清洗后，用干净的纱布等包扎止血，或就地取材使用替代品初步包扎后，到医院进一步治疗。

（2）刺伤的硬器如钢筋等仍插在胸背部、腹部、头部时，切不可立即拔出来，以免造成大出血而无法止血。应将刃器固定好，并将伤者尽快送到医院，在手术准备后，妥当地取出来。

（3）刃器固定方法：刃器四周用衣物或其他物品围好，再用绷带等固定住。路途中注意保护，使其不得脱出。

（4）刃器已被拔出，胸背部有刺伤伤口，伤员出现呼吸困难、气急、口唇发绀，这时伤口与胸腔相通，空气直接进出，称为开放性气胸，非常紧急，处理不当，呼吸很快会停止。

（5）迅速按住伤口，可用消毒纱布或清洁毛巾覆盖伤口后送医院急救。纱布的最外层最好用不透气的塑料膜覆盖，以密闭伤口，减少漏气。

（6）刺中腹部后导致肠管等内脏脱出来，千万不要将脱出的肠管送回腹腔内，因为会使感染机会加大，可先包扎好。

（7）包扎方法：在脱出的肠管上覆盖消毒纱布或消毒布类，再用干净的盆或碗倒扣在伤口上，用绷带或布带固定，迅速送医院抢救。

（8）双腿弯曲，严禁喝水、进食。

（9）刺伤应注意预防破伤风。轻的、细小的刺伤，伤口深，尤其是铁钉、铁丝、木刺等刺伤，如不彻底清洗，容易引起破伤风。

6. 铁钉扎脚

急救要点：

（1）将铁钉拔除后，马上用双手拇指用力挤压伤口，使伤口内的污染物随血液流出。如果当时不挤，伤口很快封上，污染物留在伤口内形成感染源。

（2）洗净伤脚，有条件者用酒精消毒后包扎。伤后 12h 内到医院注射破伤风抗毒素，预防破伤风。

7. 火警火灾急救

（1）急救要点

1）施工现场发生火警、火灾事故时，应立即了解起火部位，燃烧的物质等基本情况，拨打"119"向消防部门报警，同时组织撤离和扑救。

2）在消防部门到达前，对易燃易爆的物质采取正确有效的隔离。如切断电源，撤离火场内的人员和周围易燃易爆物及一切贵重物品，根据火场情况，机动灵活地选择灭火器具。

3）在扑救现场，应行动统一，如火势扩大，一般扑救不可能时，应及时组织扑救人员撤退，避免不必要的伤亡。

4）扑灭火情可单独采用，也可同时采用几种灭火方法（冷却法、窒息法、隔离法、化学中断法）进行扑救。

5）在扑救的同时要注意周围情况，防止中毒、坍塌、坠落、触电、物体打击等二次事故的发生。

6）灭火后，应保护火灾现场，以便事后调查起火原因。

（2）火灾现场自救要点

1）救火者应注意自我保护，使用灭火器材救火时应站在上风位置，以防因烈火、浓烟熏烤而受到伤害。

2）火灾袭来时要迅速疏散逃生，不要贪恋财物。

3）必须穿越浓烟逃走时，应尽量用浸湿的衣物披裹身体，用湿毛巾或湿布捂住口鼻，并贴近地面爬行。

4）身上着火时，可就地打滚，或用厚重衣物覆盖压灭火苗。

5）大火封门无法逃生时，可用浸湿的被褥衣物等堵塞门缝，泼水降温，呼救待援。

8. 烧伤

发生烧伤事故应立即在出事现场采取急救措施，使伤员尽快与致伤因素脱离接触，以免继续伤害深层组织。

急救要点：

（1）防止烧伤。身体已经着火，应尽快脱去燃烧衣物。若一时难以脱下，可就地打滚或用浸湿的厚重衣物覆盖以压灭火苗，切勿奔跑或用手拍打，以免助长火势，要注意防止烧伤手。如附近有河沟或水池，可让伤员跳入水中。如果衣物与皮肤粘连在一起，应用冷水浇湿或浸湿后，轻轻脱去或剪去。

（2）冷却烧伤部位。如为肢体烧伤则可用冷水冲洗、冷敷或浸泡肢体，降低皮肤温度，以保护身体组织免受灼烧的伤害。

（3）用干净纱布或被单覆盖和包裹烧伤创面做简单包扎，避免创面污染。切忌自己不要随便把水泡弄破更不要在烧伤处涂各种药水和药膏，如紫药水、红药水等，以免掩盖病情。

（4）为防止烧伤休克，烧伤伤员可口服自制烧伤饮料糖盐水。如在 500ml 开水中放入白糖 50g 左右、食盐 1.5g 左右制成。但是，切忌给烧伤伤员喝白开水。

（5）搬运烧伤伤员，动作要轻柔、平稳，尽量不要拖拉、滚动，以免加重皮肤损伤。

（6）经现场处理后的伤员要迅速转送医院救治，转送过程中要注意观察呼吸、脉搏、血压等的变化。

9. 化学烧伤

（1）强酸烧伤

急救要点：

1）立即用大量温水或大量清水反复冲洗皮肤上的强酸，冲洗得越早越干净越彻底越好，哪怕一点残留也会使烧伤越来越重。

2）切忌不经冲洗，急急忙忙地将病人送往医院。

3）用水冲洗干净后，用清洁纱布轻轻覆盖创面，送往医院处理。

（2）强碱烧伤

急救要点：

1）立即用大量清水反复冲洗，至少 20min。碱性化学烧伤也可用食醋来清洗，以中和皮肤上的碱液。

2）用水冲洗干净后，用清洁纱布轻轻覆盖创面，送往医院处理。

（3）生石灰烧伤

急救要点：

1）应先用手绢、毛巾揩净皮肤上的生石灰颗粒，再用大量清水冲洗。

2）切忌先用水洗，因为生石灰遇水会发生化学反应，产生大量热量灼伤皮肤。

3）冲洗彻底后快速送医院救治。

10. 急性中毒

急性中毒是指在短时间内，人体接触、吸入、食用大量毒物，进入人体后，突然发生的病变，是威胁生命的主要原因。

急性中毒现场救治，不论是轻度还是严重中毒人员，不论是自救还是互救、外来救护工作，均应设法尽快使中毒人员脱离中毒现场、中毒物源，排除吸收的和未吸收的毒物。

根据中毒的途径不同，采取以下相应措施：

（1）皮肤污染、体表接触毒物

包括在施工现场因接触油漆、涂料、沥青、外加剂、添加剂、化学制品等有毒物品中毒。

急救要点：

1）应立刻脱去污染的衣物并用大量的微温水清洗污染的皮

肤、头发以及指甲等。

2）对不溶于水的毒物用适宜的溶剂进行清洗。

（2）吸入毒物（有毒的气体）

此种情况包括进入下水道、地下管道、地下的或密封的仓库、化粪池等密闭不通风的地方施工，或环境中有有毒、有害气体以及焊割作业、乙炔（电石）气中的磷化氢、硫化氢、煤气（一氧化碳）泄漏，二氧化碳过量，油漆、涂料、保温、粘合等施工时，苯气体、铅蒸气等作业产生的有毒有害气体吸入人体造成中毒。

急救要点：

1）应立即使中毒人员脱离现场，在抢救和救治时应加强通风及吸氧。

2）及早向附近的人求助或拨打"120"电话呼救。

3）神志不清的中毒病人必须尽快抬出中毒环境。平放在地上，将其头转向一侧。

4）轻度中毒患者应安静休息，避免活动后加重心肺负担及增加氧的消耗量。

5）病情稳定后，将病人护送到医院进一步检查治疗。

（3）食入毒物

包括误食腐蚀性毒物，河豚、发芽土豆、未熟扁豆等动植物毒素，变质食物、混凝土添加剂中的亚硝酸钠、硫酸钠等和酒精中毒。

急救要点：

1）立即停止食用可疑中毒物。

2）强酸、强碱物质引起的食入毒物中毒，应先饮蛋清、牛奶、豆浆或植物油 200ml 保护胃黏膜。

3）封存可疑食物，留取呕吐物、尿液、粪便标本，以备化验。

4）对一般神志清楚者应设法催吐，尽快排出毒物。一次饮600ml 清水或稀盐水（一杯水中加一匙食盐），然后用压舌板、筷子等物刺激咽后壁或舌根部，造成呕吐的动作，将胃内食物吐出来，反复进行多次，直到吐出物呈清亮为止。已经发生呕吐的病人不要再催吐。

5）对催吐无效或神志不清者，则可给予洗胃，但由于洗胃有不少适应条件，故一般宜在送医院后进行。大量喝温开水。

6）将病人送医院进一步检查。

急性中毒急救时要注意：

救护人员在将中毒人员脱离中毒现场的急救时，应注意自身的保护，在有毒有害气体发生场所，应视情况，采用加强通风或用湿毛巾等捂着口、鼻，腰系安全绳，并有场外人控制、应急，如有条件的要使用防毒面具。

常见食物中毒的解救，一般应在医院进行，吸入毒物的中毒人员要尽可能送往有高压氧舱的医院救治。

在施工现场如已发现心跳、呼吸不规则或停止呼吸、心跳的时间不长，则应把中毒人员移到空气新鲜处，立即施行口对口（口对鼻）呼吸法和体外心脏按压法进行抢救。

（四）施工现场疫情防控

项目办公区、生活区、施工区应分界明确，能实现相对封闭管理，防止各区域间交叉。各个区域、场所、功能房间应粘贴、悬挂疫情防控管理制度，落实通风、消毒措施。

生活区应划分正常生活区、集中观察区和应急隔离区，各区域要严格分开，独立设置，保持必要安全距离或分隔措施，各区域悬挂醒目标识与管理制度，严禁串区域居住和人员往来。

施工现场疫情应急处置工作按照"早发现、早报告、早隔离、早治疗"的原则，坚持科学应对、预防为主，企业主责、快速反应，建立疫情监测和快速反应机制，做到发现、报告、隔离、治疗等环节紧密衔接，第一时间上报疫情信息，迅速切断传播途径，有效控制疫情传播，确保施工现场人员的生命安全和身体健康。

施工总承包单位应按照地方突发公共卫生事件应急预案及相关文件规定，建立疫情防控组织体系，施工总承包单位项目负责人对疫情防控工作负总责，建设单位项目负责人为施工总承包单位提供支持，其他各参建单位项目负责人配合施工总承包单位做好相关工作。

项目应编制疫情防控专项应急预案，预案应包含应急组织及职责分工、感染危险源辨识、应急预警、响应级别、响应流程、应急处置、应急保障、信息报告、后期处置等内容。

九、力学基本知识

（一）力的概念

力是一个物体对另一个物体的作用。两个物体之间的相互作用力，分别称为作用力和反作用力。力的作用效果是使物体的运动状态发生变化或使物体产生变形。力对物体的作用效果决定于它的三个要素，即：力的大小、力的方向、力的作用点。

常用的力的单位是［牛顿］，符号是 N。工程单位制中力的单位是千克力，符号是 kgf。两种单位制的换算关系是：

$$1\text{kgf} = 9.8\text{N} \approx 10\text{N}$$

（二）力与变形

1. 应力的概念

由系统外的物体对于该系统或它的某一部分所作用的力称为外力；物体因荷载等作用而引起的内部产生抵抗变形的力称为内力。物体由于外因（受力、湿度、温度变化等）而变形时，在物体内各部分之间产生相互作用的内力，单位面积上的内力称为应力。

垂直于横截面的应力称为正应力。根据正应力是离开截面还是指向截面有拉应力和压应力两类，正应力用希腊字母 σ 表示。

平行于横截面的应力称为剪切应力，简称为剪应力，用希腊字母 τ 表示，如图 9-1 所示。

应力的单位为帕（Pa），即 N/m^2，$1MPa = 1N/mm^2$。

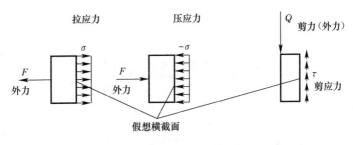

图 9-1　横截面上的应力

2. 基本变形形式

（1）拉伸、压缩

直杆两端承受一对与杆轴线重合的拉力或压力时产生的变形，称为轴向拉伸或轴向压缩。

拉伸与压缩时横截面上的内力等于外力，应力在横截面内是均匀分布的。外力 F，单位为 N，横截面面积 A，单位为 mm^2，则：

$$\sigma = \frac{F}{A}$$

（2）剪切

杆件承受与杆轴线垂直、方向相反、互相平行的力的作用时，在平行力之间截面内产生的变形为剪切变形。剪切时截面内产生的应力与截面平行，称为剪应力，用字母 τ 表示。

（3）扭转

圆轴两端横截面内作用一对转向相反的力偶时，在两力偶之间圆轴内产生的变形为扭转变形。圆轴扭转时，圆轴内横截面间绕轴线有相对转动。截面内的应力只有剪应力，剪应力与所在点的半径垂直，大小与所在点到圆心的距离成正比。在截面的最大半径处有最大剪应力 τ_{max}，如图 9-2 所示。

（4）弯曲

当杆件的轴向对称面内有横向力或力偶作用时，杆件的轴线由直线变为曲线时的变形为弯曲变形。主要承受弯曲变形的杆件在工程上称为梁。在弯曲变形时，梁的上下有伸长和缩短，伸长时有拉应力，缩短时有压应力，截面内无伸长缩短部位称为中性轴。在弯曲变形时，截面内中性轴两侧产生符号相反的正应力，应力的大小与所在点到中性轴的距离成正比。在杆件的上下表面有最大正应力 σ_{max}（拉应力）和最小正应力 σ_{min}（压应力），如图 9-3 所示。

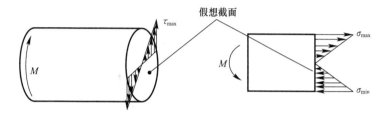

图 9-2　圆轴扭转时横截面上　　　图 9-3　梁弯曲时横截面上
　　　的剪应力分布　　　　　　　　正应力的分布

十、机械基础知识

(一) 机械原理概述

机械原理是机器和机构理论的简称，它以机器和机构为研究对象，是一门研究机构和机器的运动设计和动力设计，以及机械运动方案设计的技术基础课。

机器的种类繁多，如内燃机、汽车、机床、缝纫机、机器人、包装机等，它们的组成、功用、性能和运动特点各不相同。机械原理是研究机器的共性理论，我们对机器进行理论抽象和概括，从它们的组成、运动的确定性及功能关系看，都具有一些共同特征：

(1) 人为的实物（机件）组合体。

(2) 组成它们的各部分之间都具有确定的相对运动。

(3) 能完成有用机械功或转换机械能。

凡同时具备上述 3 个特征的实物组合体就称为机器。

可以看出，机构具有机器的前两个特征。机器是由各种机构组成的，它可以完成能量的转换或做有用的机械功；而机构则仅仅起着运动传递和运动形式转换的作用。

机构是传递运动和动力的实物组合体。最常见的机构有连杆机构、凸轮机构、齿轮机构、间歇运动机构、螺旋机构、开式链机构等。

(二) 机械零件的基本概念

机械是由各种不同的零件按一定的方式连接而成的。机械零件又称机械元件，是组成机械和机器的不可分拆的单个制件，它是机械的基本单元。

自从出现机械，就有了相应的机械零件。但作为一门学科，机械零件是从机械构造学和力学分离出来的。随着机械工业的发展，新的设计理论和方法、新材料、新工艺的出现，机械零件进入了新的发展阶段。有限元法、断裂力学、弹性流体动压润滑、优化设计、可靠性设计、计算机辅助设计（CAD）、实体建模、系统分析和设计方法学等理论，已逐渐用于机械零件的研究和设计，更好地实现多种学科的综合，实现宏观与微观相结合，探求新的原理和结构，更多地采用动态设计和精确设计，更有效地利用电子计算机，进一步发展设计理论和方法，是这一学科发展的重要趋向。

机械零（部）件内容包括：

（1）零（部）件的连接。如螺纹连接、楔连接、销连接、键连接、花键连接、过盈配合连接、弹性环连接、铆接、焊接和胶接等。

（2）传递运动和能量的带传动、摩擦轮传动、键传动、谐波传动、齿轮传动、绳传动和螺旋传动等机械传动，以及传动轴、联轴器、离合器和制动器等相应的轴系零（部）件。

（3）起支承作用的零（部）件，如轴承、箱体和机座等。

（4）起润滑作用的润滑系统和密封等。

（5）弹簧等其他零（部）件。

作为一门学科，机械零件从机械设计的整体出发，综合运用各有关学科的成果，研究各种基础件的原理、结构、特点、应用、失效形式、承载能力和设计程序；研究设计基础件的理论、方法和准则，并由此建立了本学科的结合实际的理论体系，成为研究和设计机械的重要基础。

（三）连接

根据使用、结构、制造、装配、维修和运输等方面的要求，组成机器的各零件之间采用了各种不同的连接方式。

连接：指被连接件与连接件的组合。

连接件：又称紧固件，如螺栓、螺母、键、销、铆钉等。

被连接件：指轴与轴上零件、箱体与箱盖等。

1. 连接的种类

（1）按拆开时是否损坏零件分（图10-1）。

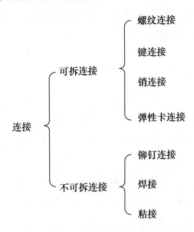

图 10-1　按拆开时是否损坏零件分的连接分类

（2）按机械工作时被连接件间的运动关系分（图10-2）。

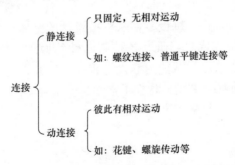

图 10-2　按机械工作时被连接件间的运动关系分的连接分类

（3）按传载原理分（图10-3）。

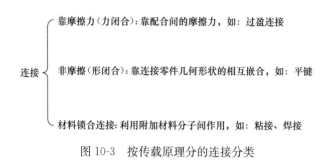

连接
┌ 靠摩擦力（力闭合）：靠配合间的摩擦力，如：过盈连接
│
│ 非摩擦（形闭合）：靠连接零件几何形状的相互嵌合，如：平键
│
└ 材料锁合连接：利用附加材料分子间作用，如：粘接、焊接

图10-3　按传载原理分的连接分类

（4）轴毂连接：主要用于轴上零件与轴周向固定以传递转矩。

2. 螺纹连接

用螺纹件（或被连接件的螺纹部分）将被连接件连成一体的可拆连接。

常用的螺纹连接件有螺栓、螺柱、螺钉和紧定螺钉等，多为标准件。采用螺栓连接时，无须在被连接件上切制螺纹，不受被连接件材料的限制，构造简单，装拆方便，但一般情况下需要在螺栓头部和螺母两边进行装配。螺栓连接是应用很广的连接方式，它分为紧连接和松连接。

紧连接用于载荷变化或有冲击振动，要求连接紧密或具有较大刚性的场合。根据传力方式的不同，螺栓连接分为受拉连接和受剪连接。前者制造和装拆方便，应用广泛；后者杆孔配合精密，可兼有定位作用。螺柱和螺钉连接多用于受结构限制而不能用螺栓的场合。螺钉连接不用螺母，且有光整的外露表面，但不宜用于时常装拆的场合，以免损坏被连接件的螺纹孔。用紧定螺钉连接时，紧定螺钉旋入被连接件之一的螺纹孔中，其末端顶住另一被连接件，以固定两个零件的相互位置，并可传递不大的力或扭矩。在绝大多数情况下，螺纹连接都是可拆的。

（1）螺纹连接的特点

1）螺纹拧紧时能产生很大的轴向力；

2）它能方便地实现自锁；

3）外形尺寸小；

4）制造简单，能保持较高的精度。

（2）螺纹

1）螺纹的形成

① 螺旋线：动点在一圆柱体的表面上，一边绕轴线等速旋转，同时沿轴向作等速移动的轨迹。

② 螺纹：平面图形沿螺旋线运动，运动时保持该图形通过圆柱体的轴线，就得到螺纹，如图 10-4 所示。

2）螺纹的分类

① 按螺纹的牙型分：矩形螺纹、三角形螺纹、梯形螺纹、锯齿形螺纹，如图 10-5 所示。

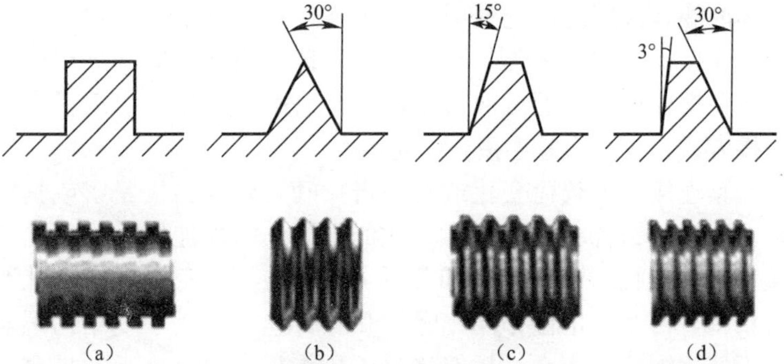

螺纹

图 10-4　螺纹示意

图 10-5　螺纹的牙型

（a）矩形螺纹；（b）三角形螺纹；（c）梯形螺纹；（d）锯齿形螺纹

② 按螺纹的旋向分：右旋螺纹，左旋螺纹。

③ 按螺旋线的根数分：单线螺纹，多线螺纹。

④ 按回转体的内外表面分：外螺纹，内螺纹（螺纹副）。

⑤ 按螺旋的作用分：连接螺纹，传动螺纹（螺旋传动）。

⑥ 按母体形状分：圆柱螺纹，圆锥螺纹。

3. 键、花键和销连接

（1）键连接

键连接的常见形式：平键连接、半圆键连接、楔键连接、切向键连接、花键连接。

1）平键连接

平键连接的定心精度较高，应用较广泛，其优点是结构简单、装拆方便、对中性较好。但由于这种键连接不能承受轴向力，因而对轴上的零件不能起到轴向固定的作用。

从图 10-6 中可看出键的上表面和轮毂的键槽底面间留有间隙，工作面是两侧面，工作时，靠键同键槽侧面的挤压来传递转矩。

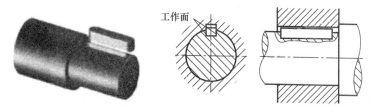

图 10-6　平键连接示意

平键分为普通平键、薄型平键、导向平键和滑键四种。前两种键用于静连接，后两种键用于动连接。

① 普通平键

按构造分为圆头（A 型）、方头（B 型）、一端圆头一端方头（C 型），如图 10-7 所示。圆头平键宜放在轴上用键槽铣刀铣出的键槽中，键在键槽中轴向固定良好，应用最广泛。

圆头平键的缺点是键的头部侧面与轮毂上的键槽不接触，因而键的圆头部分不能充分利用，而且轴上键槽端部的应力集中较大。

② 导向平键

采用导向平键或滑键均可满足被连接的毂类零件在工作过

程中在轴上做轴向移动。由于导向平键较长，需用螺钉固定在轴上的键槽中，同时键上制有起键螺孔，可拧入螺钉使键退出键槽，以便于拆卸。导向平键适用于轴上传动零件滑移较小的情况下，如图 10-8 所示。

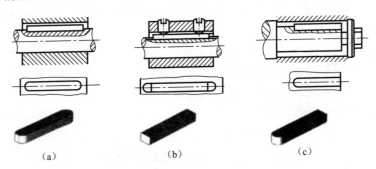

图 10-7　普通平键的结构形式

（a）圆头；（b）方头；（c）一端圆头一端方头

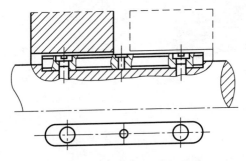

图 10-8　导向平键的结构形式

③ 滑键

当零件需滑移的距离较大时，宜采用滑键而不采用导向平键。这是因为导向平键的长度越大，制造越困难。当采用滑键时，滑键固定在轮毂上，轮毂带动滑键在轴上的键槽中做轴向滑移。这样，可将键做得较短，只需在轴上铣出较长的键槽即可，从而降低加工难度。动连接，键固定在毂上，一起沿键槽移动。移动距离大时，采用滑键，如图 10-9 所示。

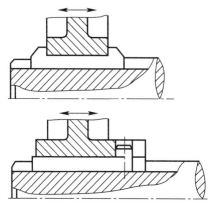

图 10-9　滑键的结构形式

2）半圆键连接

半圆键连接工艺性较好，装配方便，尤其适用于锥形轴端与轮毂的连接。半圆键工作时，靠其侧面来传递转矩。由于其轴上键槽较深，对轴的强度削弱较大，所以一般只用于轻载静连接中。

轴上键槽的加工方法是用尺寸与半圆键相同的半圆键槽铣刀铣出。键在槽中能绕其几何中心摆动以适应轮毂中键槽的斜度。

特性：

① 键的摆动适应毂上键槽的斜度，一般情况下不影响被连接件的定心。

② 侧面为工作面，不能传轴向力。

③ 特别适于锥形轴端。

④ 对轴削弱大，用于轻载。

3）楔键连接

楔键连接如图 10-10 所示。键是楔紧在轴和轮毂的键槽里的，键楔紧后，轴和轮毂的配合产生偏心和偏斜，因此楔键连接主要用于毂类零件的定心精度要求不高和低转速的场合。

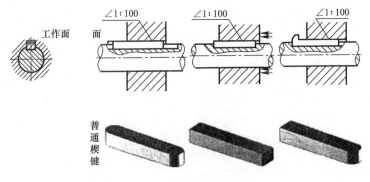

图 10-10　楔键连接示意

　　键的工作面是上下两面，工作时，靠键的楔紧作用来传递转矩，同时还能承受单向的轴向载荷，对轮毂起到单向的轴向固定作用。楔键连接在传递有冲击和振动的较大转矩时，可能会导致轴与轮毂发生相对转动，但由于楔键的侧面与键槽侧面间有很小的间隙，此时键的侧面能像平键那样参与工作，以保证连接的可靠性。

　　楔键分为普通楔键和钩头楔键，普通楔键有圆头、平头和单圆头三种形式。装配圆头楔键时，要先将键放入轴上键槽中，然后打紧轮毂，而装配平头、单圆头和钩头楔键时，则是在轮毂装好后才将键放入键槽并打紧。钩头楔键的钩头供拆卸用，安装在轴端时，应注意加装防护罩。键的一个工作面为斜面：斜度 1∶100。工作面为上下面，两侧面有间隙，靠摩擦和互压传载。

　　4）切向键连接

　　切向键连接如图 10-11 所示，将一对斜度为 1∶100 的楔键分别从轮毂两端打入，从而得到切向键，拼合而成的切向键就沿轴的切线方向楔紧在轴与轮毂之间。其工作面就是拼合后相互平行的两个窄面，工作时就靠这两个窄面上的挤压力和轴与轮毂间的摩擦力来传递转矩。需注意的是，用一个切向键只能传递单向转矩，若用两个切向键则可传递双向转矩，且两者间的夹角为 120°～130°。

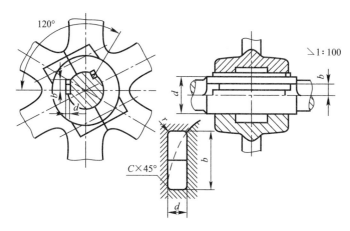

图 10-11 切向键连接示意

考虑到切向键的键槽对轴的削弱较大，因此常用于直径大于 100mm 的轴上。

5）花键连接

① 花键连接的类型、特点和应用

花键连接适用于定心精度要求高、载荷大或经常滑移的连接。

如图 10-12 所示，花键连接是由外花键和内花键组成的。花键连接在强度、工艺和使用方面有下述一些优点：连接受力较为均匀；齿根处应力集中较小，轴与毂的强度削弱较少；可承受较大的载荷；轴上零件与轴的对中性好；导向性较好；可用磨削的方法提高加工精度及连接质量。缺点是齿根仍有应力集中；有时需用专门设备加工；成本较高。

花键连接可用于静连接或动连接。按齿形不同，可分为矩形花键和渐开线花键两类，均已标准化。

② 花键的类型

花键分为矩形花键、渐开线花键。

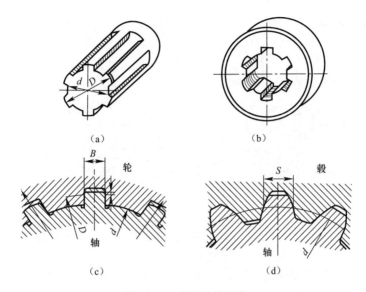

图 10-12　花键连接示意

（a）外花键；（b）内花键；（c）矩形花键连接 $\alpha=30°$；（d）渐开线花键连接 $\alpha=45°$

（2）销连接

销主要用来固定零件之间的相对位置，称为定位销，它是组合加工和装配时的重要辅助零件；也可用于连接，称为连接销，可传递不大的载荷；还可作为安全装置中的过载剪断元件，称为安全销。

销有圆柱销、圆锥销、槽销、销轴和开口销等多种类型，均已标准化。

1）圆柱销靠过盈配合固定在销孔中，经多次装拆会降低定位精度和可靠性。

2）圆锥销具有 1∶50 的锥度，安装方便，定位精度高。

3）开尾圆锥销在连接时的防松效果好，适用于有冲击、振动的场合的连接。

4）端部带螺纹的圆锥销可用于盲孔或拆卸困难的场合。

5）销轴用于两零件的铰接处，构成铰链连接。销轴通常用于开口销锁定，工作可靠，装拆方便。

6）槽销上有辗压或模锻出的三条纵向沟槽，将槽销打入销孔后，由于材料的弹性使销挤压在销孔中，不易松脱，因而能承受振动和变载荷。

（四）传动的基本知识

1. 传动的概念及分类

传动是指机械之间的动力传递，也可以说将机械动力通过中间媒介传递给终端设备，这种传动方式包括链条传动、摩擦传动、液压传动、齿轮传动以及皮带式传动等。

传动分为机械传动、液力传动、电力传动和磁力传动。其中机械传动最为常见。

机械传动是利用机件直接实现传动，其中齿轮传动和链传动属于啮合传动；摩擦轮传动和带传动属于摩擦传动。流体传动是以液体或气体为工作介质的传动，又可分为依靠液体静压力作用的液压传动，依靠液体动力作用的液力传动，依靠气体压力作用的气压传动。电力传动是利用电动机将电能变为机械能，以驱动机器工作部分的传动。

机械传动能适应各种动力和运动的要求，应用极广。液压传动的尺寸小，动态性能较好，但传动距离较短。气压传动大多用于小功率传动和恶劣环境中。液压和气压传动还易于输出直线往复运动。液力传动具有特殊的输入和输出特性，因而能使动力机与机器工作部分良好匹配。电力传动的功率范围大，容易实现自动控制和遥控，能远距离传递动力。

传动的基本参数是传动比。传动又可分为定传动比传动和变传动比传动两类。变传动比传动又分有级变速和无级变速两类，前者具有若干固定的传动比，后者可在一定范围内连续变化。

传动首先应当满足机器工作部分的要求，并使动力机在较佳工况下运转。小功率传动常选用简单的装置，以降低成本。大功率传动则优先考虑传动效率、节能和降低运转费用。当工作部分要求调速时，如能与动力机的调速性能相适应可采用定传动比传动；动力机的调速如不能满足工艺和经济性要求，则应采用变传动比传动。工作部分需要连续调速时，一般应尽量采用有级变速传动。无级变速传动常用来组成控制系统，对某些对象或过程进行控制，这时应根据控制系统的要求来选择传动。

在定传动比传动能满足性能要求的前提下，一般应选用结构简单的机械传动。有级变速传动常采用齿轮变速装置，小功率传动也可采用带或链的塔轮装置。无级变速传动有各种传动形式，其中机械无级变速器结构简单、维修方便，但寿命较短，常用于小功率传动；液力无级变速器传动精确，但造价甚高。选择传动装置时还应考虑启动、制动、反向、过载、空挡和空载等方面的要求。

2. 机械传动概述

机械是机器和机构的总称。

（1）机构

机构是由多种实物（如齿轮、螺丝、连杆、叶片等机械零件）组合而成，各实物间具有确定的相对运动（如水泵的叶片与外壳间，内燃机的活塞与气缸间等）。组成机构的各相对运动的部分称为构件。

（2）机器

机器是根据某种使用要求而设计制造的一种能执行某种机械运动的装置，在接收外界输入能量时，能变换和传递能量、物料和信息。

（3）机械应满足的基本要求

1）必须达到预定的使用功能，工作可靠，机构精简。

2）经济合理，安全可靠，生产率高，效率高，能耗少，节省原材料和辅助材料，管理和维修费用低。

3）操作方便，操作方式符合人们的心理和习惯，尽量降低噪声，防止有毒、有害介质渗漏，机身美化等。

4）对不同用途和不同使用环境的适应性要强（如容易卸、装，容易搬动等）。

（4）机械传动的概念

一台机器（机械）制造成功后都必须能完成设计者提出的要求，即执行某种机械运动以期达到变换和传递能量、物料和信息的目的。机器一般是由多种机构或构件按一定方式彼此相连而组成，当原动机（电动机、内燃机等）驱动机器运转时，其运动和动力是从机器的一部分逐级传递到相连的另一部分而最后到达执行机构来完成机器的使命。利用构件和机构把运动和动力从机器的一部分传递到另一部分的中间环节称为机械传动。

（5）机械传动的分类

1）摩擦传动：依靠构件的接触面的摩擦力来传递动力和运动的，如带传动。

2）啮合传动：依靠构件间的相互啮合传递动力和运动的，如齿轮传动、蜗杆传动。

3）推动：螺旋推动机构、连杆机构、凸轮机构等。

3. 带传动

带传动是由两个带轮（主动轮和从动轮）和一根紧绕在两轮上的传动带组成，靠带与带轮接触面之间的摩擦力来传递运动和动力的一种挠性摩擦传动，如图 10-13 所示。

带传动属于挠性传动，传动平稳，噪声小，不需润滑，可缓冲吸振。过载时，带会在带轮上打滑，而起到保护其他

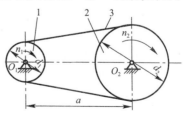

图 10-13　带传动组成
1—主动轮；2—从动轮；3—传动带

传动件免受损坏的作用。带传动允许较大的中心距，结构简单，制造、安装和维护较方便，且成本低廉。但由于带与带轮之间存在滑动，传动比严格保持不变。带传动的传动效率较低，带的寿命一般较短，不宜在易燃易爆场合下工作。

（1）带传动的分类

1）按传动原理分：摩擦带传动、啮合带传动；

2）按用途分：传动带、输送带；

3）按传动带的截面形状分：平带、V带、多楔带、圆形带、齿形带。

（2）带传动的工作原理

啮合带传动中主要是同步齿形带传动，依靠带内面的凸齿与带轮表面相应的齿槽相啮合来传递动力和运动，这种传动既能减轻对轴及轴承的压力，又能使主动轮节圆上与从动轮节圆上的速度同步，保证准确可靠的传动比，是一种较理想的传动方式。但由于对制造和安装的要求较高，所以限制了其应用范围。

摩擦带传动中，依靠带和带轮接触面上的摩擦力将主动轮上的运动和动力传递给从动轮。性能、使用要求等都已标准化，按其截面的大小分为7种。

（3）带传动的优缺点

1）优点：

① 具有良好的弹性，能起吸振缓冲作用，因而传动平稳，噪声小；

② 过载时，带与带轮会出现打滑，防止其他零件损坏；

③ 结构简单，制造方便，成本低廉，加工和维护方便；

④ 适用于两轴中心距较大的传动。

2）缺点：

① 传动的外廓尺寸较大，结构不够紧凑；

② 由于带的弹性滑动，不能保证准确的传动比；

③ 带的寿命较短，一般为2000～3000h；

④ 摩擦损失较大，传动效率较低，一般平带传动为 0.94～0.98，V 带传动为 0.92～0.97。

（4）带传动的失效形式

1）打滑：由于过载，带在带轮上打滑而不能正常转动。

2）带的疲劳破坏：带在变应力条件下工作，当应力的循环次数达到一定值时，带将发生损坏，如脱层、撕裂和拉断。

（5）V 带传动的使用与维护

1）安装 V 带前应减小两轮中心距，然后再进行调紧，不得强行撬入。工作时，带轮轴线应相互平行，各带轮相对应的 V 型槽的对称平面应重合，误差不得超过 20′。在同一平面内，以免传动时加速带的磨损或从轮槽中脱出。

2）胶带不宜与酸、碱、矿物油等介质接触，也不宜在阳光下暴晒，以防带迅速老化变质，降低带的使用寿命。

3）定期检查胶带。如有一根损坏应全部换新带，不能新旧带混合使用，否则会引起受力不均而加速新带的损坏。

4）为了保证安全生产，带传动要安装防护罩。

4. 齿轮传动

齿轮传动是利用两齿轮的轮齿相互啮合传递动力和运动的机械传动，具有结构紧凑、效率高、寿命长等特点。

按齿轮轴线的相对位置分平行轴圆柱齿轮传动、相交轴圆锥齿轮传动和交错轴螺旋齿轮传动。

（1）齿轮传动的优缺点

1）优点：

① 适用的圆周速度和功率范围广；

② 传动效率高；

③ 传动比稳定；

④ 寿命较长；

⑤ 工作可靠性较高；

⑥ 可实现平行轴、任意角相交轴和任意角交错轴之间的

传动；

⑦ 结构紧凑。

2）缺点：

① 要求较高的制造和安装精度，成本较高；

② 不适宜于远距离两轴之间的传动。

（2）齿轮传动机构的类型（图10-14）

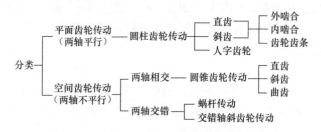

图 10-14　齿轮传动机构的类型

（3）齿轮结构

1）齿轮轴：齿轮与轴做成一体，一般用于直径很小的齿轮。制造工艺复杂，同时制造，同时报废。

2）实心式齿轮：齿顶圆直径 $da \leqslant 160\text{mm}$，齿轮与轴分开制造。

3）腹板式齿轮：齿顶圆直径 $da \leqslant 500\text{mm}$。

4）轮辐式齿轮：齿顶圆直径 $da > 500\text{mm}$。

对于单件或小批量生产的齿轮，可做成焊接齿轮结构，对于尺寸较大的圆柱齿轮，为了节约贵重金属，可做成组装齿圈式结构。

（4）基本要求

机械系统对齿轮传动的基本要求归纳起来有两项：

1）传动要准确平稳：即要求齿轮传动在工作过程中，瞬时传动比要恒定，且振动、冲击要小。

2）承载能力要大：即要求齿轮传动能传递较大的动力，且体积小、重量轻、寿命长。

为了满足基本要求，需要对齿轮齿廓曲线、啮合原理和齿轮强度等问题进行研究。

（5）齿廓啮合的基本定律

齿轮传动的基本要求之一就是要保证传动平稳。所谓平稳，是指啮合过程中瞬时传动比保持恒定。

1）啮合：一对轮齿相互接触并进行相对运动的状态。

2）传动比：两轮角速度之比。

3）对齿廓曲线的要求：直观上不卡不离，几何学上处处相切接触，运动学上法线上没有相对运动。

（6）共轭齿廓

凡能满足齿廓啮合基本定律的一对齿廓称为共轭齿廓。理论上有无穷多对共轭齿廓。

（7）齿廓曲线的选择

1）满足定传动比的要求。

2）考虑设计、制造、安装和强度等方面要求。

在机械中，常用的齿廓有渐开线齿廓、摆线齿廓、圆弧齿廓。由于渐开线齿廓容易制造，也便于安装，互换性也好，因此应用最广。

5. 蜗杆传动

（1）蜗杆传动的组成

蜗杆传动由蜗杆和蜗轮组成，如图 10-15 所示。

图 10-15　蜗杆、蜗轮传动示意

蜗杆传动用于交错轴间传递运动和动力，通常交错角为 90°。

一般蜗杆为主动件。蜗杆和螺纹一样有右旋和左旋之分，分别称为右旋蜗杆和左旋蜗杆。

（2）蜗杆传动特点

1）传动比大，结构紧凑。蜗杆头数用 Z_1 表示（一般为 1～4），蜗轮齿数用 Z_2 表示。从传动比公式 $i=Z_2/Z_1$ 可以看出，当 $Z_1=1$，即蜗杆为单头，蜗杆须转 Z_2 转蜗轮才转 1 转，因而可得到很大传动比，一般在动力传动中取传动比 $i=5.83$。

2）蜗杆传动结构紧凑，体积小、重量轻。

3）发热量大，齿面容易磨损，成本高。

4）传动平稳，无噪声。因为蜗杆齿是连续不间断的螺旋齿，它与蜗轮齿啮合时是连续不断的。

5）具有自锁性。蜗杆的螺旋升角很小时，蜗杆只能带动蜗轮传动，而蜗轮不能带动蜗杆转动。

6）蜗杆传动效率低，一般认为蜗杆传动效率比齿轮传动低。尤其是具有自锁性的蜗杆传动，其效率在 0.5 以下，一般效率只有 0.7～0.9。

（3）蜗杆的类型

1）圆柱蜗杆：渐开线蜗杆、阿基米德蜗杆（普通圆柱蜗杆）、法向直廓蜗杆。

2）锥蜗杆。

3）环面蜗杆。

6. 链传动

链传动是一种具有中间挠性件（链条）的啮合传动，它同时具有刚、柔特点，是一种应用十分广泛的机械传动形式。链传动由主动链轮、从动链轮和中间挠性件（链条）组成，通过链条的链节与链轮上的轮齿相啮合传递运动和动力，如图 10-16 所示。

（1）链传动的工作原理及组成

工作原理：两轮（至少）间以链条为中间挠性元件的啮合

来传递动力和运动。

组成：主、从动链轮、链条、封闭装置、润滑系统和张紧装置等。

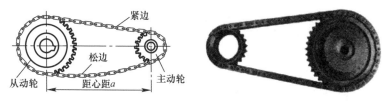

图 10-16　链传动示意

（2）链传动的优缺点

1）优点：

① 没有滑动和打滑，能保持准确的平均传动比；

② 传动尺寸紧凑；

③ 不需很大张紧力，轴上载荷较小；

④ 效率较高；

⑤ 能在湿度大、温度高的环境工作；

⑥ 链传动能吸振与缓和冲击；

⑦ 结构简单，加工成本低廉，安装精度要求低；

⑧ 适合较大中心距的传动；

⑨ 能在恶劣环境中工作。

2）缺点：

① 只能用于平行轴间的同向回转传动；

② 瞬时速度不均匀；

③ 高速时平稳性差；

④ 不适宜载荷变化很大和急速反转的场合；

⑤ 有噪声；

⑥ 成本高，磨损后易发生跳齿。

（3）链传动的应用

适于两轴相距较远、工作条件恶劣等情况，如农业机械、建筑机械、石油机械、采矿、起重、金属切削机床、摩托车、自行车等。中低速传动时：传动比小于或等于 8，功率小于或等于 100kW，速度小于或等于 12～15m/s，无声链最大线速度可达 40m/s（不适于在冲击与急促反向等情况）。

（4）传动链的结构特点

1）滚子链

① 组成：滚子、套筒、销轴、内链板和外链板。内链板与套筒之间、外链板与销轴之间为过盈连接；滚子与套筒之间、套筒与销轴之间均为间隙配合。

② 节距：滚子链上相邻两滚子中心的距离。

滚子链有单排链、双排链、多排链，多排链的承载能力与排数成正比，但由于受到精度的影响，各排的载荷不易均匀，故排数不宜过多。

2）齿形链

齿形链又称无声链，它是由一组链齿板铰接而成的。工作时链齿板与链轮轮齿相啮合而传递运动。

齿形链上设有导板，以防止链条工作时发生侧向窜动。导板有内导板和外导板之分。内导板齿形链导向性好，工作可靠；外导板齿形链的链轮结构简单。

与滚子链相比，齿形链传动平稳无噪声，承受冲击性能好，工作可靠，多用于高速或运动精度要求较高的传动装置中。

圆销式的孔板与销轴之间为间隙配合，加工简便。

轴瓦式的链板两侧有长短扇形槽各一条，并且在同一条轴线上，销孔装入销轴后，就在销轴两侧嵌入衬瓦，由于衬瓦与销轴为内接触，故压强低、磨损小。

滚柱式没有销轴，孔中嵌入摇块，变滑动摩擦为滚动摩擦。

（5）链传动的失效形式

1）链条的疲劳破坏

链条不断地由松边到紧边周而复始地运动着，在紧边拉力和松边拉力反复作用下，经过一定的循环次数后，链板首先开始出现疲劳断裂。

2）链条铰链磨损失效

在工作条件恶劣、润滑不良的开式链传动中，由于铰链中销轴与套筒间的压力较大，彼此又相对转动，因而使铰链磨损，链的实际节距变长，导致传动更不平稳，容易引起跳齿或脱链。

3）链条铰链的胶合失效

链轮转速过高而又润滑不良时，销轴和套筒间润滑膜破坏，使其两者在很高温度下直接接触，从而导致胶合。因此，胶合在一定程度上限制了链传动的极限转速。

4）过载拉断失效

在低速（小于6m/s）重载或短期过载情况下，链条所受的拉力超过了链条的静强度时，链条将被拉断。

5）滚子和套筒的冲击疲劳破坏

由于链节与链轮轮齿啮合，滚子与链轮间产生冲击。在高速时，由于冲击载荷较大，使套筒与滚子表面发生冲击疲劳破坏。

（五）轴、轴承、联轴器

1. 轴

轴是机械中的重要零件，其功用是支承转动零件并传递运动和动力。将轴和轴上零件进行周向固定并传递转矩的零件是键。轴承是支承轴及轴上零件，可保持轴的旋转精度并减少轴与支承间的摩擦和磨损。联轴器和离合器是连接不同机构中的两根轴，使它们一起回转并传递转矩。

（1）轴的分类

1）按中心线形状不同分类

① 直轴

中心线为一直线的轴称为直轴。在轴的全长上直径都相等的直轴称为光轴，各段直径不等的直轴称为阶梯轴，如图 10-17

所示。

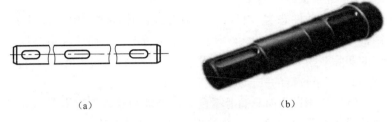

(a)   (b)

图 10-17　直轴结构示意
(a) 光轴；(b) 阶梯轴

由于阶梯轴上零件便于拆装和固定，又利于节省材料和减轻重量，因此在机械中应用最普遍。在某些机器中也有采用空心轴的，以减轻轴的重量或利用空心轴孔输送润滑油、冷却液等。

② 曲轴

中心线为折线的轴称为曲轴，它主要用在需要将回转运动与往复直线运动相互转换的机械中。

2）按承载情况不同分类

① 转轴

工作中同时受弯矩和扭矩的轴称为转轴。转轴在各种机器中最常见，如减速箱中的齿轮轴。

② 传动轴

只受扭矩不受弯矩或所受弯矩很小的轴称为传动轴，如汽车传动轴。

③ 心轴

只承受弯矩的轴称为心轴。心轴又分为转动心轴和固定心轴，前者如机车车轴，后者如自行车的前轴。

（2）轴的材料

1）碳素钢

碳素钢比合金钢价廉，对应力集中不敏感，并可用热处理的方法改善其力学性能。一般机械中常用 35、45、50 号钢等优质碳素钢，并进行正火或调质处理，其中以 45 号钢用得最为广泛。不重要的、受力较小的轴可采用 Q235、Q275 等碳素结构钢。

2）合金钢

合金钢具有较高的力学性能和良好的热处理工艺性，但对应力集中比较敏感，且价格较贵，多用于高速、重载及有特殊要求的轴材料。对于耐磨性要求较高的轴，可选用 20Cr、20CrMnTi 等低碳合金钢，进行渗碳淬火处理。对于在高温、高速和重载条件下工作的轴，可选用 38CrMoAlA、40CrNi 等合金结构钢。

由于在一般工作温度下，碳素钢和合金钢的弹性模量相差无几，因此，不能用合金钢代替碳素钢来提高轴的刚度。

轴的毛坯通常用锻件和热轧圆钢。对于某些结构外形复杂的轴可采用铸钢或球墨铸铁，后者具有吸振性、耐磨性好、价格低廉、对应力集中敏感性差等优点。

2. 滑动轴承

（1）概述

轴承是用来支撑轴并承受轴上载荷的零件。轴承的分类方法通常有以下三种：

1）根据承受载荷分：向心轴承、推力轴承、向心推力轴承。

2）根据工作时轴承内部的摩擦性质分：滑动轴承、滚动轴承。

3）按工作表面的润滑状态分：液体润滑滑动轴承、不完全液体润滑滑动轴承、无润滑滑动轴承。

（2）滑动轴承的特点、类型和应用

工作时轴套和轴颈的支承面间形成直接或间接滑动摩擦的轴承称为滑动轴承。滑动轴承工作面间一般有润滑油膜且为面

接触，所以滑动轴承具有承载能力大、抗冲击、噪声低、工作平稳、回转精度高、高速性能好等独特的优点。

1）滑动轴承主要应用

① 工作转速极高的轴承；

② 要求轴的支承位置特别精确、回转精度要求特别高的轴承；

③ 特重型轴承；

④ 承受巨大冲击和振动载荷的轴承；

⑤ 必须采用剖分结构的轴承；

⑥ 要求径向尺寸特别小以及特殊工作条件的轴承。

滑动轴承在内燃机、汽轮机、铁路机车、轧钢机、金属切削机床以及天文望远镜等设备中应用很广泛。

2）滑动轴承的类型

① 按承受载荷方向分类

径向轴承：只承受径向载荷。

推力轴承：只承受轴向载荷。

组合轴承：同时承受径向载荷和轴向载荷。

② 按润滑状态分类

流体润滑轴承：摩擦表面完全被流体膜分隔开，表面间的摩擦为流体分子间的内摩擦。

非流体润滑轴承：摩擦表面间为边界润滑或混合润滑。

③ 按流体膜的形成原理分类

流体动压润滑轴承、流体静压润滑轴承和流体动静压润滑轴承。

④ 按润滑材料分类

液体润滑轴承、气体润滑轴承、塑性体润滑轴承、固体润滑轴承和自润滑轴承。

与滚动轴承相比，在某些工作条件下，滑动轴承有着显著的优越性，不能为滚动轴承所代替。

（3）滑动轴承的润滑

润滑对减少滑动轴承的摩擦和磨损以及保证轴承正常工作具有重要意义。它除了可以降低功耗外，还具有冷却、防尘、防锈和缓冲吸振等作用，直接影响轴承的工作能力和使用寿命。因此，设计滑动轴承时，必须注意合理选择润滑剂及润滑装置。

常用的润滑剂一般为润滑油、润滑脂，在特殊工况下，还可采用固体润滑剂及水和空气等。

① 润滑油

润滑油是最常用的润滑剂，有动、植物油、矿物油和合成油，其中以矿物油应用最广。黏度是润滑油最主要的性能指标。黏度是润滑油抵抗变形的能力，表征液体流动的内摩擦性能，黏度大的液体内摩擦阻力大，承载后油不易被挤出，有利于油膜形成。通常黏度随温度升高而减低。除黏度之外，润滑油的性能指标还有凝点、闪点等。选用润滑油时，通常以黏度为主要指标。

② 润滑脂

润滑脂是由润滑油添加各种稠化剂（如钙、钠、铝、锂等金属皂）和稳定剂而成的膏状润滑剂。其特点是稠度大不易流失，密封简单，不需经常添加，但摩擦损耗大，故高速不宜用。按所用金属皂的不同，润滑脂主要有：

钙基润滑脂：有较好的耐水性，但不耐热（使用温度不超过 60℃）；

钠基润滑脂：耐热性较好（使用温度可达 115～145℃），但抗水性差；

铝基润滑脂：具有良好的抗水性；

锂基润滑脂：性能良好，既耐水又耐热，在 -20～150℃范围内广泛应用。

3. 滚动轴承

轴承是支承轴及轴上零件的重要零件，主要用来减轻轴与支承间的摩擦与磨损，并保持轴的回转精度和安装位置。

轴承根据工作的摩擦性质，可分为滑动摩擦轴承（简称滑动轴承）和滚动摩擦轴承（简称滚动轴承）两类。

滚动轴承具有摩擦系数小、标准化，设计、使用、润滑、维护方便等一系列优点，因此在一般机械中广泛应用。

滚动轴承是标准化产品，在一般机械设计中主要是根据具体的载荷、转速、旋转精度和工作条件等要求，选择类型和尺寸合适的滚动轴承，并进行轴承的组合设计。

(1) 滚动轴承的结构

滚动轴承的典型结构，通常由外圈、内圈、滚动体和保持架组成。内圈装在轴颈上，外圈装在轴承座孔内，多数情况下内圈与轴一起转动，外圈保持不动。工作时，滚动体在内外圈间滚动，保持架将滚动体均匀地隔开，以减少滚动体之间的摩擦和磨损。

滚动体有球、圆锥滚子、圆柱滚子、鼓形滚子和滚针等几种形状。滚动轴承的内、外圈和滚动体采用强度高、耐磨性好的含铬合金钢制造，保持架多用软钢冲压而成，也有采用铜合金或塑料保持架的。

(2) 滚动轴承的类型

滚动轴承中，滚动体与外圈接触处的法线与垂直于轴承轴心线的径向平面之间的夹角 α 称为接触角，它是滚动轴承的一个重要参数。

1）按滚动轴承承载方向分类

向心轴承：主要承受或只承受径向载荷，其接触角 α 为 $0°\sim45°$。

推力轴承：主要承受或只承受轴向载荷，其接触角 α 为 $45°\sim90°$。

2）按滚动轴承滚动体形状分类

滚动轴承可分为球轴承和滚子轴承，而滚子轴承又分为圆锥滚子轴承、圆柱滚子轴承等。

3）按滚动轴承工作时能否调心分类

可分为刚性轴承和调心轴承。

（3）滚动轴承类型的选择

在设计滚动轴承时，首先遇到的问题是选择适当的轴承类型。在选择轴承类型时，除根据经验选型并参照类似机器中的轴承外，应参考以下主要因素：

1）载荷条件

轴承所承受载荷的大小、方向和性质是选择轴承类型的主要依据。

① 载荷的方向：当轴承承受纯轴向载荷时，选用推力轴承；主要承受径向载荷时，选用向心球轴承；同时承受径向载荷和轴向载荷时，可选用角接触球轴承。

② 载荷大小：在其他条件相同的情况下，滚子轴承一般比球轴承的承载能力大。因此承受较大载荷时，应选用滚子轴承。

③ 载荷性质：当载荷平稳时，可选用球轴承；有冲击和振动时，应选用滚子轴承。

2）转速条件

滚动轴承在一定的载荷和润滑条件下允许的最高转速称为极限转速。球轴承比滚子轴承有更高的极限转速。高速或要求旋转精度高时，应优先选用球轴承。

3）调心性质

轴承内外圈轴线间的角偏差应控制在极限值内，否则会增加轴承的附加载荷而使其寿命降低。当角偏差值较大时，应选用调心轴承。

4）安装和调整性能

安装和调整也是选择轴承主要考虑的因素。例如，当安装尺寸受到限制，必须要减小轴承径向尺寸时，宜选用轻系列和特轻系列的轴承或滚针轴承；当轴向尺寸受到限制时，宜选用窄系列的轴承；当轴承座没有剖分面而必须沿轴向安装和拆卸轴承部件时，应优先选用内外圈可分离的轴承。

5）经济性

在满足使用要求的情况下，尽量选用价格低廉的轴承，以降低成本。一般普通结构的轴承比特殊结构的轴承便宜，球轴承比滚子轴承便宜，精度低的轴承比精度高的轴承便宜。

4. 联轴器和离合器

联轴器：主要用作轴与轴之间的连接，以传递运动和转矩。

（1）联轴器的分类

1）联轴器分为：机械式联轴器、液力联轴器、电磁式联轴器；

2）机械式联轴器：刚性联轴器（无补偿能力）、挠性联轴器（有补偿能力）；

3）挠性联轴器（有补偿能力）：无弹性元件、有弹性元件。

（2）联轴器的选择

1）传递载荷的大小、性质及对缓冲功能的要求。

载荷平稳、传递转矩大、同轴度好，无相对位移的选用刚性联轴器。

载荷变化大，要求缓冲、吸振或同轴度不易保证时应选用弹性联轴器。

2）工作转速的高低与正、反转变化多的要求。

高速运转的轴应选动平衡精度较高的联轴器；动载荷大的机器选用重量轻、转动惯量小的联轴器；正、反转变化多，启动频繁，有较大冲击载荷，安装不易对中的场合考虑采用可移式刚性联轴器。

3）连接两轴相对位移的大小。

安装调整后难以保证两轴精确对中，或工作中有较大位移量的两轴连接，要选用弹性联轴器。

（六）机械动力学知识

1. 机械运转过程

机械的运转阶段及特征，机械系统的运转从开始到停止的全过程可以分为三个阶段，如图 10-18 所示。

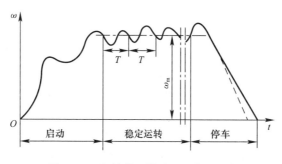

图 10-18 机械的运转阶段及特征示意

（1）启动阶段：原动件的速度从零逐渐上升到开始稳定的过程。

（2）稳定运转阶段：原动件速度保持常数（称匀速稳定运转）或在正常工作速度的平均值上下做周期性的速度波动（称变速稳定运转）。图中 T 为稳定运转阶段速度波动的周期，ω_m 为原动件的平均角速度。经过一个周期后，原动件以及机械各构件的运动均回到原来的状态。

（3）停车阶段：原动件速度从正常工作速度值下降到零。

在启动阶段，根据能量守恒定律，作用在机械系统上的力在任一时间间隔内所做的功，应等于机械系统动能的增量。用机械系统的动能方程式可表示为：

$$W_d - (W_r + W_f) = W_d - W_c = E_2 - E_1$$

式中，W_d 为驱动力所做的功，即输入功；W_r，W_f 分别为克服工作阻力和有害阻力（主要是摩擦力）所需的功，两者之和为总耗功 W_c；E_1、E_2 分别为机械系统在该时间间隔开始和结束时的动能。

$$W_d - W_c = E_2 - E_1 > 0$$

在稳定运转阶段，若机械做变速稳定运转，则每一个运动周期的末速度等于初速度，于是：

$$W_d - W_c = E_2 - E_1 = 0$$

即在一个运动循环以及整个稳定运转阶段中，输入功等于总耗功。但在一个周期内任一时间间隔中，输入功与总耗功不一定相等。

若机械系统做匀速稳定运转，由于该阶段的速度是常数，故在任一时间间隔中输入功总是等于总耗功。

在停车阶段，机械系统的动能逐渐减小，即：

$$W_d - W_c = E_2 - E_1 < 0$$

在此阶段，由于驱动力通常已经撤去，即：$W_d = 0$。故当总耗功逐渐将机械具有的动能消耗殆尽时，机械便停止运转。

启动阶段和停车阶段统称为机械的过渡过程。为了缩短这一过程，在启动阶段，一般常使机械在空载下启动，或者另加一个启动电机来加大输入功，以达到快速启动的目的；在停车阶段，通常依靠机械上安装的制动装置，用增加摩擦阻力的方法来缩短停车时间。

2. 作用在机械上的力

当忽略机械中各构件的重力以及运动副中的摩擦力时，作用在机械上的力可分为工作阻力和驱动力两大类。

机械特性的定义：力（或力矩）与运动参数（位移、速度、时间等）之间的关系。

1）工作阻力

指机械工作时需要克服的工作负荷，它决定于机械的工艺特点。有些机械在某段工作过程中，工作阻力近似为常数（如车床）；有些机械的工作阻力是执行构件位置的函数（如曲柄压力机）；还有一些机械的工作阻力是执行构件速度的函数（如鼓风机、搅拌机等）；也有极少数机械，其工作阻力是时间的函数（如揉面机、球磨机等）。

2）驱动力

指驱使原动件运动的力，其变化规律决定于原动机的机械特性。如蒸汽机、内燃机等原动机输出的驱动力是活塞位置的函数；机械中应用最广泛的电动机，其输出的驱动力矩是转子角速度的函数。

（七）机械的平衡知识

1. 机械平衡的分类

机械平衡的目的是要尽可能地消除或减小惯性力对机械的不良影响。机械的平衡大致可分为三类：
（1）刚性转子的平衡；
（2）挠性转子的平衡；
（3）机械的平衡。

2. 刚性转子的平衡原理

若只要求对转子惯性力的平衡，称为静平衡；若要求转子惯性力及其引起的惯性力矩同时达到平衡，称为动平衡。

静平衡设计：为了消除惯性力的不利影响，设计时需要首先根据转子结构定出偏心质量的大小和方位，然后计算出为平衡偏心质量需添加的平衡质量的大小及方位，最后在转子设计图上加上该平衡质量，以便使设计出来的转子在理论上达到平衡。这一过程称为转子的静平衡设计。

转子的动平衡设计：为了消除动不平衡现象，在设计时需要首先根据转子结构确定出各个不同回转平面内偏心质量的大小和位置。然后计算出为使转子得到动平衡所需增加的平衡质量的数目、大小及方位，并在转子设计图上加上这些平衡质量，以便使设计出来的转子在理论上达到动平衡，这一过程称为转子的动平衡设计。

3. 刚性转子的平衡试验

经过平衡设计的机械，虽然从理论上已达到平衡，但由于制造不精确、材料不均匀及安装不准确等非设计方面的原因，实际制造出来后往往达不到原来的设计要求，还会有不平衡现象。这种不平衡在设计阶段是无法确定和消除的，需要通过试验的方法加以平衡。平衡试验有静平衡试验和动平衡试验。

4. 平面机构的平衡原理

对于存在有往复运动或平面复合运动构件的机构，其惯性力和惯性力矩不可能在构件内部消除，但所有构件上的惯性力矩可合成为一个通过机构质心并作用于机架上的总惯性力和惯性力矩。因此，这类平衡问题必须就整个机构加以研究，应设法使其总惯性力和总惯性力矩在机架上得到完全或部分平衡，所以这类平衡又称为机构在机架上的平衡。

十一、电工学基础知识

（一）电路

1. 电路简介

电路是电流所流经的路径，由金属导线和电气以及电子部件组成的导电回路，称其为电路。直流电通过的电路称为"直流电路"，交流电通过的电路称为"交流电路"。

最简单的电路，是由电源、负载、导线、开关等元器件组成。图 11-1 所示为手电筒实物电路图，图 11-2 所示为其电路示意。

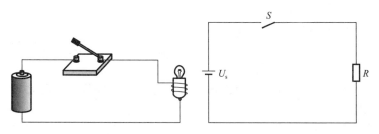

图 11-1　手电筒实物电路图　　　　图 11-2　电路示意

电路导通叫做通路。只有通路，电路中才有电流通过。电路某一处断开叫做断路或者开路。如果电路中电源正负极间没有负载而是直接接通叫做短路，这种情况是决不允许的。另有一种短路是指某个元件的两端直接接通，此时电流从直接接通处流经而不会经过该元件，这种情况叫做该元件短路。开路（或断路）是允许的，而第一种短路决不允许，因为电源的短路会导致电源、用电器、电流表被烧坏。

电路是由电特性相当复杂的元器件组成的，为了便于使用数学方法对电路进行分析，可将电路实体中的各种电气设备和元器件用一些能够表征它们主要电磁特性的理想元件（模型）来代替，而对它的实际上的结构、材料、形状等非电磁特性不予考虑。常用理想元件及符号见表11-1。

常用理想元件及符号　　　　　　表 11-1

名称	符号	名称	符号
电阻	○—▭—○	电压表	○—Ⓥ—○
电池	○—||—○	接地	⏚ 或 ⏚
电灯	○—⊗—○	熔断器	○—▭—○
开关	○—╱—○	电容	○—||—○
电流表	○—Ⓐ—○	电感	○—ⵜⵜⵜ—○

2. 种类

（1）元件种类

1）被动元件：如电阻、电容、电感、二极体等，分基频被动元件、高频被动元件。

2）主动元件：如电晶体、微处理器等，分基频主动元件、高频主动元件。

（2）用途种类

1）微处理器电路：亦称微控制器电路，用于游戏机、各式各样家电、键盘、触控等。

2）电脑电路：为微处理器电路进阶电路，用于台式电脑、笔记本电脑、平板电脑、工业电脑各样电脑等。

3）通信电路：形成电话、手机、有线网路、有线传送、无线网路、无线传送、光通信、红外线、光纤、微波通信、卫星通信等。

4）显示器电路：用于电视、仪表等各类显示器。

5）光电电路：用于太阳能电路。

6）电机电路：用于大电源设备，如电力设备、运输设备、医疗设备、工业设备等。

（3）联结种类

1）串联电路：使同一电流通过所有相连接器件的联结方式，如图 11-3 所示。

图 11-3　串联电路

2）并联电路：使同一电压施加于所有相连接器件的联结方式，如图 11-4 所示。

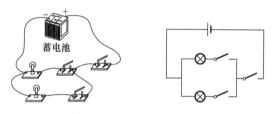

图 11-4　并联电路

3. 国际单位制电学单位（表 11-2）。

国际单位制电学单位　　　　　　　　　表 11-2

基本单位			
单位	符号	物理量	注
安培	A	电流	
导出单位			
单位	符号	物理量	注
伏特	V	电势，电势差，电压	＝W/A

导出单位			
单位	符号	物理量	注
欧姆	Ω	电阻，阻抗，电抗	＝V/A
法拉	F	电容	
亨利	H	电感	
西门子	S	电导，导纳，磁化率	＝Ω
库仑	C	电荷，带电量	＝A·s
欧姆·米	Ω·m	电阻率	ρ
西门子/米	S/m	电导率	
法拉/米	F/m	电容率，介电常数	ε
反法拉	F	电弹性	＝F

用在电学中的力学导出单位			
单位	符号	物理量	注
瓦特	W	电功率，电能	＝J/s
千瓦·时	kW·h	电功，电能	＝3.6MJ

（二）电流

1. 电流简介

电流，是指电荷的定向移动。电源的电动势形成了电压，继而产生了电场力，在电场力的作用下，处于电场内的电荷发生定向移动，形成了电流。

电流的大小称为电流强度（简称电流，符号为 I），是指单位时间内通过导线某一截面的电荷量，每秒通过 1 库仑的电量称为 1 安培。安培是国际单位制中所有电性的基本单位。除了 A，常用的单位有毫安（mA）、微安（μA）。$1A = 10^3 mA = 10^6 \mu A$。

2. 电流规律

（1）串联电路

电流：$I_总 = I_1 = I_2$（串联电路中，电路各部分的电流相等）

电压：$U_总 = U_1 + U_2$（总电压等于各部分电压和）

电阻：$R_总 = R_1 + R_2$

（2）并联电路

电流：$I_总 = I_1 + I_2$（并联电路中，干路电流等于各支路电流之和）

电压：$U_总 = U_1 = U_2$（各支路两端电压相等并等于电源电压）

电阻：$1/R_总 = 1/R_1 + 1/R_2$

3. 电流分类

电流分为交流电流和直流电流。

交流电一般是在家庭电路中有着广泛的使用，有 220V 的电压，属于危险电压。

直流电则一般用于外置电源的用电器中，一般由电池提供。

4. 电流形成的原因和条件

因为有电压（电势差）的存在，所以产生了电力场强，使电路中的自由电荷受到电场力的作用而产生定向移动，从而形成了电路中的电流。

若要产生电流，必须具有能够自由移动的电荷（金属中只有负电荷移动，电解液中为正负离子同时移动），导体两端存在电压差（要使闭合回路中得到持续电流，必须要有电源），电路必须为通路。

5. 电流三大效应

（1）热效应

导体通电时会发热，叫做电流热效应，焦耳定律是定量说明传导电流将电能转换为热能的定律。

（2）磁效应

电流的磁效应（动电会产生磁）：任何通有电流的导线，都可以在其周围产生磁场的现象，称为电流的磁效应。

（3）化学效应

电的化学效应主要是电流中的带电粒子（电子或离子）参与而使得物质发生了化学变化。化学中的电解水或电镀等都是电流的化学效应。

（三）电压

1. 电压简介

电压，也称作电势差或电位差，是衡量单位电荷在静电场中由于电势不同所产生的能量差的物理量。其大小等于单位正电荷因受电场力作用从 A 点移动到 B 点所做的功，电压的方向规定为从高电位指向低电位的方向。电压的国际单位制为伏特（V），常用的单位还有毫伏（mV）、微伏（μV）、千伏（kV）等。此概念与水位高低所造成的"水压"相似。需要指出的是，"电压"一词一般只用于电路当中，"电势差"和"电位差"则普遍应用于一切电现象当中。

电荷 q 在电场中从 A 点移动到 B 点，电场力所做的功 W_{AB} 与电荷量 q 的比值，叫做 AB 两点间的电势差，用 U_{AB} 表示。

$$U_{AB} = \frac{W_{AB}}{q}$$

式中　W_{AB}——电场力所做的功；

　　　　q——电荷量。

电压在国际单位制中的主单位是伏特（V），简称伏，用符号 V 表示。1 伏特等于对每 1 库仑的电荷做了 1 焦耳的功，即

1V=1J/C。强电压常用千伏（kV）为单位，弱小电压的单位可以用毫伏（mV）、微伏（μV）。

2. 电压分类

（1）直流电压与交流电压

如果电压的大小及方向都不随时间变化，则称之为稳恒电压或恒定电压，简称为直流电压，用大写字母 U 表示。

如果电压的大小及方向随时间变化，则称为变动电压。对电路分析来说，一种最为重要的变动电压是正弦交流电压（简称交流电压），其大小及方向均随时间按正弦规律作周期性变化。交流电压的瞬时值要用小写字母 u 或 $u(t)$ 表示。

（2）高电压、低电压和安全电压

高低压的区别是以电气设备的对地电压值为依据，对地电压高于 250V 的为高压，对地电压小于 250V 的为低压。

安全电压指人体较长时间接触而不致发生触电危险的电压。按照国家标准安全电压规定了为防止触电事故而采用的，由特定电源供电的电压系列。我国对工频安全电压规定了以下五个等级，即 42V、36V、24V、12V、6V。

3. 电压规律

电压是推动电荷定向移动形成电流的原因。电流之所以能够在导线中流动，也是因为在电流中有着高电势和低电势之间的差别。换句话说，在电路中，任意两点之间的电位差称为这两点的电压。

串联电路电压规律：串联电路两端总电压等于各部分电路两端电压和。

公式：$\sum U = U_1 + U_2$

并联电路电压规律：并联电路各支路两端电压相等，且等于电源电压。

公式：$\sum U = U_1 = U_2$

（四）电阻

1. 电阻简介

电阻是所有电路中使用最多的元件之一。

在物理学中，用电阻来表示导体对电流阻碍作用的大小。导体的电阻越大，表示导体对电流的阻碍作用越大。不同的导体，电阻一般不同，电阻是导体本身的一种特性。电阻元件是对电流呈现阻碍作用的耗能元件。

因为物质对电流产生的阻碍作用，所以称其为该作用下的电阻物质。电阻将会导致电子流通量的变化，电阻越小，电子流通量越大，反之亦然。没有电阻或电阻很小的物质称其为电导体，简称导体。不能形成电流传输的物质称为电绝缘体，简称绝缘体。

导体的电阻通常用字母 R 表示，电阻的单位是欧姆，简称欧，符号是 Ω，$1\Omega = 1V/A$。比较大的单位有千欧（$k\Omega$）、兆欧（$M\Omega$）。

2. 电阻计算公式

串联：$R = R_1 + R_2 + \cdots + R_n$

并联：$1/R = 1/R_1 + 1/R_2 + \cdots + 1/R_n$，两个电阻并联式也可表示为 $R = R_1 \cdot R_2 / (R_1 + R_2)$

定义式：$R = U/I$

决定式：$R = \rho L/S$

式中　ρ——电阻的电阻率，是由其本身性质决定的；

　　　L——电阻的长度；

　　　S——电阻的横截面面积。

电阻元件的电阻值大小一般与温度、材料、长度，还有横截面面积有关，衡量电阻受温度影响大小的物理量是温度系数，其定义为温度每升高 1℃时电阻值发生变化的百分数。多数（金属）的电阻随温度的升高而升高，一些半导体却相反。

电阻的主要物理特征是变电能为热能，也可说它是一个耗能元件，电流经过它就产生内能。电阻在电路中通常起分压、分流的作用。对信号来说，交流与直流信号都可以通过电阻。

3. 电阻分类

（1）按阻值特性
固定电阻、可调电阻、特种电阻（敏感电阻）。
（2）按制造材料
碳膜电阻、金属膜电阻、线绕电阻、无感电阻、薄膜电阻等。
（3）按安装方式
插件电阻、贴片电阻。
（4）按功能分
负载电阻、采样电阻、分流电阻、保护电阻等。

（五）电容

1. 电容简介

电容亦称作"电容量"，是指在给定电位差下的电荷储存量，记为 C，国际单位是法拉（F）。一般来说，电荷在电场中会受力而移动，当导体之间有了介质，则阻碍了电荷移动而使得电荷累积在导体上，造成电荷的累积储存，储存的电荷量则称为电容。因电容是电子设备中大量使用的电子元件之一，所以广泛应用于隔直、耦合、旁路、滤波、调谐回路、能量转换、控制电路等方面。

2. 相关公式

一个电容器，如果带 1 库的电量时两级间的电势差是 1V，这个电容器的电容就是 1 法，即 $C=Q/U$。但电容的大小不是由 Q（带电量）或 U（电压）决定的。

电容器的电势能计算公式：$E=CU^2/2=QU/2=Q^2/2C$

多电容器并联计算公式：$C=C_1+C_2+C_3+\cdots+C_n$

多电容器串联计算公式：$1/C=1/C_1+1/C_2+\cdots+1/C_n$

三电容器串联：$C=(C_1 \cdot C_2 \cdot C_3)/(C_1 \cdot C_2+C_2 \cdot C_3+C_1 \cdot C_3)$

3. 主要分类

电容的种类可以从原理上分为：无极性可变电容、无极性固定电容、有极性电容等，从材料上分为：CBB 电容（聚乙烯），聚酯（涤纶）电容、瓷片电容、云母电容、独石电容、电解电容、钽电容等。

(六) 电感

1. 电感简介

电感是闭合回路的一种属性。当线圈通过电流后，在线圈中形成磁场感应，感应磁场又会产生感应电流来抵制通过线圈中的电流。这种电流与线圈的相互作用关系称为电的感抗，也就是电感，单位是"亨利（H）"。

（1）自感

当线圈中有电流通过时，线圈的周围就会产生磁场。当线圈中电流发生变化时，其周围的磁场也产生相应的变化，此变化的磁场可使线圈自身产生感应电动势，这就是自感。

（2）互感

两个电感线圈相互靠近时，一个电感线圈的磁场变化将影响另一个电感线圈，这种影响就是互感。互感的大小取决于电感线圈的自感与两个电感线圈耦合的程度，利用此原理制成的元件叫做互感器。

2. 主要分类

（1）按结构分类

电感器按其结构的不同可分为线绕式电感器和非线绕式电感器，还可分为固定式电感器和可调式电感器。

（2）按工作频率分类

电感按工作频率可分为高频电感器、中频电感器和低频电感器。空心电感器、磁心电感器和铜心电感器一般为中频或高频电感器，而铁心电感器多数为低频电感器。

（3）按用途分类

电感器按用途可分为振荡电感器、校正电感器、显像管偏转电感器、阻流电感器、滤波电感器、隔离电感器、被偿电感器等。

（七）电功和电功率

1. 基本简介

电流在一段时间内通过某一电路，电场力所做的功，称为电功。计算公式是 $W=Pt$，W 表示电功，单位是焦耳（J）。

电流在单位时间内做的功叫做电功率。是用来表示消耗电能的快慢的物理量，用 P 表示，它的单位是瓦特（Watt），简称瓦，符号是 W，计算公式是 $P=W/t$。

每个用电器都有一个正常工作的电压值叫做额定电压，用电器在额定电压下正常工作的功率叫做额定功率，用电器在实际电压下工作的功率叫做实际功率。

$$1W = 1J/s = 1V \cdot A$$

2. 串联电路与并联电路中的电功率

（1）串联电路

电流处处相等，$I_1=I_2=I$。

总电压等于各用电器两端电压之和，$U=U_1+U_2$。

总电阻等于各电阻之和，$R=R_1+R_2$。

$U_1：U_2=R_1：R_2$。

总电功等于各电功之和，$W=W_1+W_2$。

$W_1：W_2=R_1：R_2=U_1：U_2$。

总功率等于各功率之和，$P=P_1+P_2$。

$P_1：P_2=R_1：R_2=U_1：U_2$

电压相同时电流与电阻成反比；电流相同时电阻与电压成正比。

（2）并联电路

总电流等于各处电流之和，$I=I_1+I_2$。

各处电压相等，$U_1=U_2=U$。

并联电路中，等效电阻的倒数等于各并联电阻的倒数之和，$1/R=1/R_1+1/R_2$。

总电阻等于各电阻之积除以各电阻之和，$R=R_1\times R_2\div(R_1+R_2)$。

总电功等于各电功之和，$W=W_1+W_2$。

当电压不变时，电流与电阻成反比；当电流不变时，电阻与电压成正比。

$I_1：I_2=R_2：R_1$。

$W_1：W_2=I_1：I_2=R_2：R_1$。

总功率等于各功率之和，$P=P_1+P_2$。

$P_1：P_2=R_2：R_1=I_2：I_1$。

（八）电路基本定律

1. 欧姆定律、诺顿定律、戴维宁定理

欧姆定律：在同一电路中，导体中的电流跟导体两端的电压成正比，跟导体的电阻阻值成反比。

诺顿定理：任何由电压源与电阻构成的两端网络，总可以等效为一个理想电流源与一个电阻的并联网络。

戴维南定理：任何由电压源与电阻构成的两端网络，总可以等效为一个理想电压源与一个电阻的串联网络。

2. 基尔霍夫定律

基尔霍夫定律是电路中电压和电流所遵循的基本规律，是分析和计算较为复杂电路的基础。它既可以用于直流电路的分析，也可以用于交流电路的分析，还可以用于含有电子元件的非线性电路的分析。运用基尔霍夫定律进行电路分析时，仅与电路的连接方式有关，而与构成该电路的元器件具有什么样的性质无关。基尔霍夫定律包括电流定律和电压定律。

基尔霍夫电流定律，简记为 KCL，是电流的连续性在集总参数电路上的体现，其物理背景是电荷守恒公理。基尔霍夫电流定律是确定电路中任意节点处各支路电流之间关系的定律，因此又称为节点电流定律，它的内容为：在任一瞬时，流向某一结点的电流之和恒等于由该结点流出的电流之和，即：$\sum i(t)_\text{入} = \sum i(t)_\text{出}$，它的另一种表示为 $\sum i(t) = 0$。

基尔霍夫电压定律，简记为 KVL，是电场为位场时电位的单值性在集总参数电路上的体现，其物理背景是能量守恒公理。基尔霍夫电压定律是确定电路中任意回路内各电压之间关系的定律，因此又称为回路电压定律，它的内容为：在任一瞬间，沿电路中的任一回路绕行一周，在该回路上电动势之和恒等于各电阻上的电压降之和，即：$\sum E = \sum IR$。

3. 焦耳-楞次定律

又称"焦耳定律"，是定量确定电流热效应的定律。电流通过导体时产生的热量 Q，跟电流强度 I 的平方、电阻 R 以及通电时间 t 成正比，即 $Q = RI^2 t$。式中 I、R、t 的单位分别为 A、Ω、s，

则热量 Q 的单位为 J。在任何电路中电阻上产生的热量称焦耳热。

（九）电动机简介

1. 电动机的概念

应用电磁感应原理运行的旋转电磁机械，用于实现电能向机械能的转换，运行时从电系统吸收电功率，向机械系统输出机械功率。

2. 电动机的原理

电动机是把电能转换成机械能的一种设备。它是利用通电线圈（也就是定子绕组）产生旋转磁场并作用于转子鼠笼式闭合铝框，形成磁电动力旋转扭矩。电动机按使用电源不同分为直流电动机和交流电动机，电力系统中的电动机大部分是交流电机，可以是同步电机或者是异步电机（电机定子磁场转速与转子旋转转速不保持同步速）。电动机主要由定子与转子组成，通电导线在磁场中受力运动的方向跟电流方向和磁感线（磁场方向）方向有关。电动机工作原理是磁场对电流受力的作用，使电动机转动。

3. 电动机的分类

（1）按工作电源分类

根据电动机工作电源的不同，可分为直流电动机和交流电动机。其中交流电动机还分为单相电动机和三相电动机。

（2）按结构及工作原理分类

电动机按结构及工作原理可分为同步电动机、异步电动机和直流电动机。

同步电动机还可分为永磁同步电动机、磁阻同步电动机和磁滞同步电动机。

异步电动机可分为感应电动机和交流换向器电动机。感应电动机又分为三相异步电动机、单相异步电动机和罩极异步电动机等。交流换向器电动机又分为单相串励电动机、交直流两用电动机和推斥电动机。

直流电动机按结构及工作原理可分为无刷直流电动机和有刷直流电动机。有刷直流电动机可分为永磁直流电动机和电磁直流电动机。电磁直流电动机又分为串励直流电动机、并励直流电动机、他励直流电动机和复励直流电动机。永磁直流电动机又分为稀土永磁直流电动机、铁氧体永磁直流电动机和铝镍钴永磁直流电动机。

（3）按启动与运行方式分类

电动机按启动与运行方式可分为电容启动式单相异步电动机、电容运转式单相异步电动机、电容启动运转式单相异步电动机和分相式单相异步电动机。

（4）按用途分类

电动机按用途可分为驱动用电动机和控制用电动机。

驱动用电动机又分为电动工具用电动机、家电用电动机及其他通用小型机械设备用电动机。

4. 电动机的型号及参数

（1）电动机的型号

电动机型号是便于使用、设计、制造等部门进行业务联系和简化技术文件中产品名称、规格、形式等叙述而引用的一种代号。

产品代号是由电动机类型代号、特点代号和设计序号等三个小节顺序组成。

电动机类型代号：Y表示异步电动机，T表示同步电动机。

电动机特点代号表征电动机的性能、结构或用途，采用字母表示，如防爆类型的字母 EXE（增安型）、EXB（隔爆型）、EXP（正压型）等。

设计序号是用中心高、铁心外径、机座号、凸缘代号、机座长度、铁心长度、功率、转速或级数等表示。

如 Y630-10/1180，Y 表示异步电动机；630 表示功率 630kW；10 极、定子铁心外径 1180mm。

机座长度的字母代号采用国际通用符号表示，S 是短机座型，M 是中机座型，L 是长机座型。

铁心长度的字母代号用数字 1、2、3···依次表示。

（2）铭牌参数

电动机铭牌参数示意如图 11-5 所示。

三相异步电动机				
型号	Y90L-4	电压	380V	接法	Y（星形接法的符号）
容量	1.5kW	电流	3.7A	工作方式	连续
转速	1400r/min	功率因数	0.79	温升	90℃
频率	50Hz	绝缘等级	B	出厂年月	×年×月
×××电机厂		产品编号	重量		kg

图 11-5　电动机铭牌参数

型号：表示电动机的系列品种、性能、防护结构形式、转子类型等。

功率：表示额定运行时电动机轴上输出的额定机械功率。

电压：直接到定子绕组上的线电压（V），电机有星形（Y）和三角形（△）两种接法，其接法应与电机铭牌规定的接法相符，以保证与额定电压相适应。

电流：电动机在额定电压和额定频率下，并输出额定功率时定子绕组的三相线电流。

频率：指电动机所接交流电源的频率。

转速：电动机在额定电压、额定频率、额定负载下，电动机每分钟的转速（r/min）。

工作定额：指电动机运行的持续时间。

绝缘等级：电动机绝缘材料的等级，决定电机的允许温升。

标准编号：表示设计电机的技术文件依据。

励磁电压：指同步电机在额定工作时的励磁电压（V）。

励磁电流：指同步电机在额定工作时的励磁电流（A）。

5. 同步电动机

（1）同步电动机简介

由直流供电的励磁磁场与电枢的旋转磁场相互作用而产生转矩，以同步转速旋转的交流电动机。

同步电动机是属于交流电机，定子绕组与异步电动机相同。它的转子旋转速度与定子绕组所产生的旋转磁场的速度是一样的，所以称为同步电动机。正由于这样，同步电动机的电流在相位上是超前于电压的，即同步电动机是一个容性负载。为此，在很多时候，同步电动机是用以改进供电系统的功率因数的。同步电动机模型如图11-6所示。

图11-6　同步电动机模型

（2）同步电动机构造

1）定子（电枢）

定子铁心：硅钢片叠成。

电枢绕组：三相对称绕组，铜线制成。

机座：钢板焊接而成，有足够的强度和刚度。

2）转子

转子铁心：采用整块的含铬、镍和钼的合金钢锻成。

励磁绕组：铜线制成。

护环：保护励磁绕组受离心力时不甩出。

中心环：支持护环，阻止励磁绕组轴向移动。

滑环：引励磁电流经电刷、滑环进入励磁绕组。

(3) 同步电动机类型

1) 转子用直流电进行励磁

它的转子做成显极式的，安装在磁极铁芯上面的磁场线圈是相互串联的，接成具有交替相反的极性，并有两根引线连接到装在轴上的两只滑环上面。磁场线圈是由一只小型直流发电机或蓄电池来激励，在大多数同步电动机中，直流发电机是装在电动机轴上的，用以供应转子磁极线圈的励磁电流。

由于这种同步电动机不能自动启动，所以在转子上还装有鼠笼式绕组而作为电动机启动之用。鼠笼绕组放在转子的周围，结构与异步电动机相似。

当在定子绕组通上三相交流电源时，电动机内就产生了一个旋转磁场，鼠笼绕组切割磁力线而产生感应电流，从而使电动机旋转起来。电动机旋转之后，其速度慢慢增高到稍低于旋转磁场的转速，此时转子磁场线圈经由直流电来激励，使转子上面形成一定的磁极，这些磁极就企图跟踪定子上的旋转磁极，这样就增加电动机转子的速率直至与旋转磁场同步旋转为止。

2) 转子不需要励磁的同步电机

转子不励磁的同步电动机能够运用于单相电源上，也能运用于多相电源上。这种电动机中，有一种的定子绕组与分相电动机或多相电动机的定子相似，同时有一个鼠笼转子，而转子的表面切成平面，所以是属于显极转子，转子磁极是由一种磁化钢做成的，而且能够经常保持磁性。鼠笼绕组是用来产生启动转矩的，而当电动机旋转到一定的转速时，转子显极就跟住定子线圈的电流频率而达到同步。显极的极性是由定子感应出来的，因此它的数目应和定子上极数相等，当电动机转到它应有的速度时，鼠笼绕组就失去了作用，维持旋转是靠着转子与磁极跟住定子磁极，使之同步。

（4）同步电动机特点

作电动机运行的同步电机。由于同步电机可以通过调节励磁电流使它在超前功率因数下运行，有利于改善电网的功率因数，因此，大型设备，如大型鼓风机、水泵、球磨机、压缩机、轧钢机等，常用同步电动机驱动。低速的大型设备采用同步电动机时，这一优点尤为突出。此外，同步电动机的转速完全决定于电源频率。当频率一定时，电动机的转速也就一定，它不随负载而变。这一特点在某些传动系统，特别是多机同步传动系统和精密调速稳速系统中具有重要意义。同步电动机的运行稳定性也比较高。同步电动机一般是在过励状态下运行的，其过载能力比相应的异步电动机大。异步电动机的转矩与电压平方成正比，而同步电动机的转矩决定于电压和电机励磁电流所产生的内电动势的乘积，即仅与电压的一次方成比例。当电网电压突然下降到额定值的 80％左右时，异步电动机转矩往往下降 64％左右，并因带不动负载而停止运转；而同步电动机的转矩却下降不多，还可以通过强行励磁来保证电动机的稳定运行。

6. 异步电动机

（1）异步电动机简介

由定子绕组形成的旋转磁场与转子绕组中感应电流的磁场相互作用而产生电磁转矩驱动转子旋转的交流电动机。

三相异步电动机转子的转速低于旋转磁场的转速，转子绕组因与磁场间存在着相对运动而感生电动势和电流，并与磁场相互作用产生电磁转矩，实现能量变换。

与单相异步电动机相比，三相异步电动机运行性能好，并可节省各种材料。按转子结构的不同，三相异步电动机可分为笼式和绕线式两种。笼式转子的异步电动机结构简单、运行可靠、重量轻、价格便宜，得到了广泛的应用，其主要缺点是调速困难。绕线式三相异步电动机的转子和定子一样也设置了三相绕组并通过滑环、电刷与外部变阻器连接。调节变阻器电阻可以改善电动机的启动性能和调节电动机的转速。

（2）三相异步电动机原理

当向三相定子绕组中通入对称的三相交流电时，就产生了一个以同步转速 n_1 沿定子和转子内圆空间作顺时针方向旋转的旋转磁场。由于旋转磁场以 n_1 转速旋转，转子导体开始时是静止的，故转子导体将切割定子旋转磁场而产生感应电动势（感应电动势的方向用右手定则判定）。由于转子导体两端被短路环短接，在感应电动势的作用下，转子导体中将产生与感应电动势方向基本一致的感生电流。转子的载流导体在定子磁场中受到电磁力的作用（力的方向用左手定则判定）。电磁力对转子轴产生电磁转矩，驱动转子沿着旋转磁场方向旋转，如图 11-7 所示。

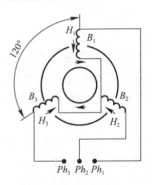

图 11-7　三相异步
电动机原理

通过上述分析可知电动机工作原理为：当电动机的三相定子绕组（各相差 120°电角度），通入三相对称交流电后，将产生一个旋转磁场，该旋转磁场切割转子绕组，从而在转子绕组中产生感应电流（转子绕组是闭合通路），载流的转子导体在定子旋转磁场作用下将产生电磁力，从而在电机转轴上形成电磁转矩，驱动电动机旋转，并且电机旋转方向与旋转磁场方向相同。

（3）交流三相异步电动机绕组分类

1）单层绕组

单层绕组就是在每个定子槽内只嵌置一个线圈有效边的绕组，因而它的线圈总数只有电机总槽数的一半。单层绕组的优点是绕组线圈数少工艺比较简单；没有层间绝缘槽的利用率提高；单层结构不会发生相间击穿故障等。缺点则是绕组产生的电磁波形不够理想，电机的铁损和噪声都较大且启动性能也稍差，故单层绕组一般只用于小容量异步电动机中。单层绕组按照其线圈的形状和端接部分排列布置的不同，可分为链式绕组、交叉链式绕组、同心式绕组和交叉式同心绕组等几种绕组形式。

① 链式绕组：由具有相同形状和宽度的单层线圈元件所组成，因其绕组端部各个线圈像套起的链环一样而得名。单层链式绕组应特别注意的是其线圈节距必须为奇数，否则该绕组将无法排列布置。

② 交叉链式绕组：当每极每相槽数 9 为大于 2 的奇数时链式绕组将无法排列布置，此时就需要采用具有单、双线圈的交叉式绕组。

③ 同心式绕组：在同一极相组内的所有线圈围抱同一圆心。

④ 当每级每相槽数为大于 2 的偶数时，则可采取交叉式同心式绕组的形式。

单层同心绕组和交叉同心式绕组的优点为绕组的绕线、嵌线较为简单，缺点则为线圈端部过长耗用导线过多。现除偶有用在小容量 2 极、4 极电动机中以外，目前已很少采用这种绕组形式。

2）双层叠式绕组

3）单双层混合绕组

4）星接与角接的关系

① 星接改角接：原星接时线径总截面面积除以 1.732 等于角接时的线径总截面面积。

② 角接改星接：原角接时线径总截面面积乘以 1.732 等于星接时的线径总截面面积。

5）星接与角接本质上的区别

星接时线电压等于相电压的 1.732 倍，相电流等于线电流。

角接时相电压等于线电压，线电流等于相电流的 1.732 倍。

同功率的电机，星接时，线径粗，匝数少；角接时，线径细，匝数多。

角接时的截面面积是星接时的 0.58 倍。

线径截面面积计算公式：截面面积 $S=$ 直径的平方乘以 0.785。

电机的内部连接有显极和庶极之分，显极和庶极连接是由电机的设计属性决定的，是不能更改的。

（4）三相异步电动机保护

电动机通常应有短路、过载及失压保护措施。

1）短路保护

三相异步电动机定子绕组发生短路故障时，会产生很大的短路电流，造成线路过热甚至导线熔化，可能引起火灾。熔断器是电动机常用的短路保护装置之一，当电动机发生短路故障时，熔断器的熔体迅速熔断，切断电源，以防止事故扩大。

2）过载保护

运行中的电动机有时会出现过热，主要原因包括：电网电压太低，机械过载过重，启动时间过长或电动机频繁相运行，机械方面故障等。

短时间的过载不会造成电动机的损坏，较长时间的持续过载会损坏电动机的绝缘，导致电动机烧毁。因此，必须采取过载保护措施，对过载保护装置通常采用热继电器来实现。热继电器可以反映电动机的过热状态并能发出信号。当电动机通过额定电流时，热继电器应长期不动作；当电动机通过整定电流的 1.05 倍时，从冷态开始运行，热继电器在 2h 内不应动作；当电流升至整定电流的 1.2 倍时，则应在 2h 内动作。

用来对电动机进行过载保护的热继电器，其动作电流值一般按电动机的额定电流值整定。

3）失（欠）压保护

运行中的电动机电压过低时，如负载功率不变，电流必然增大，会烧毁电动机。因此，在电网电压过低时，应及时切断电动机的电源。同时，当电网电压恢复时，不允许电动机自行启动，以防止发生设备事故和人身事故。电动机应有失压保护装置。

使用接触器控制电动机时，具有失压保护功能。

（5）三相异步电动机的运行维护和检查要求

1）监测与维护

① 监视发动机各部分发热情况

电动机在运行中温度不应超过其允许值，否则将损坏其绝缘，缩短电动机寿命，甚至烧毁电动机，发生重大事故。因此对电动机运行中的发热情况应及时进行监视。一般绕组温度可由温度计法或电阻法测得。温度计法测量是将温度计插入吊装环的螺孔内，以测得的温度加 10℃ 代表绕组温度。测得的温度减去当时的环境温度就是温升。根据电动机的类型及绕组所用绝缘材料的耐热等级，制造厂对绕组和铁芯等都规定了最大允许温度或最大允许温升。

② 监视电动机的工作电流和三相平衡度

电动机铭牌额定电流指室温 35℃ 时的数值。运行中的电动机不允许长时间超过规定值。三相电压不平衡度一般不应大于线间电压的 5%；三相电流不平衡度不应大于 10%。一般情况下，在三相电流不平衡而三相电压平衡时，可以表明电动机故障或定子绕组存在匝间短路现象。

③ 监视电源电压的波动

电源电压的波动能引起发动机发热。电源电压增高，磁通增大，励磁电流增加，从而造成铁损增加；线路电压降低，磁通减小。当负载转矩一定时，转子电流增大，定子绕组电流也增大。可见，电源电压的增高或降低，均会使电动机的损耗加大，造成电动机温升过高。在电动机输出力不变的情况下，一般电源电压允许偏差范围为 +10% ～ -5%。

④ 监视电动机的声响和气味

运行中的电动机发出较强的绝缘漆气味或焦糊味，一般应为电动机绕组的温升过高所致，应立即查找原因。

通过运行中电动机发出的声响，可以判断出电动机的运行情况。正常时，电动机声响均匀，没有杂音。如在轴承端出现异常声响，可能是电动机的轴承部位故障；如出现碰擦声，可能是电动机扫膛（即定子与转子相摩擦）；如出现"嗡嗡"声，可能是负载过重或三相电流不平衡；如"嗡嗡"声音很大，则可能是电动机缺相运行。

2）应立即停止运行的异常情况

① 电动机或所生产机械出现严重故障或卡死；

② 电动机或电动机的启动装置出现温升过高、冒烟或起火现象；

③ 发生人身事故；

④ 电动机组出现强烈振动；

⑤ 电动机转速出现急剧下降，甚至停车；

⑥ 电动机出现异常声响或焦糊气味；

⑦ 电动机轴承的温度或温升超过允许值；

⑧ 电动机的电流长时间超过铭牌额定值或在运行中电流猛增；

⑨ 电动机缺相运行。

3）定期维修

运行中的电动机除应加强监视外，还应进行定期的维护与检修，以保证电动机的安全运行，并延长电动机的使用寿命。

电动机的检修周期应根据周围环境条件、电动机的类型以及运行情况来确定。一般情况下，电动机应每半年～1年小修一次；每1～2年大修一次。如周围环境良好，检修周期可适当延长。

① 电动机小修内容

清扫电动机外部的灰尘或油垢；

检查电动机轴承的润滑情况，补换润滑油；

绕线型电动机应检查滑环、调换电刷；

检查出线盒引线的连接是否可靠，绝缘处理是否得当；

检查并紧固各部螺栓；

检查电动机外壳接地或接保护线是否良好；

遥测电动机的绝缘电阻；

清扫启动装置与控制电路；

检查冷却装置是否完好。

② 电动机的大修内容

电动机检修并清除污垢；

检查定子绕组的绝缘情况，槽楔有无松动，匝间有无短路或烧伤痕迹；

检查通风装置是否完好；

检查有无扫膛现象；

检查转子笼条有无断裂；

对电动机外壳进行补漆；

测量电动机绕组和启动装置的直流电阻、各绕组间的绝缘电阻差值不得大于 2（换算为同一温度）。

参 考 文 献

[1] 国家安全生产监督管理总局宣教中心，中华全国总工会劳动保护部.
    职工安全生产知识读本［M］. 北京：中国工人出版社，2006.

[2] 北京市安全生产技术服务中心. 低压电工作业［M］. 北京：团结出
    版社，2015.

[3] 建筑工人职业技能培训教材编写委员会. 建筑工人安全知识读本
    ［M］. 北京：中国建筑工业出版社，2015.

[4] 张晓艳，刘善安. 安全员岗位实务知识［M］. 北京：中国建筑工业
    出版社，2012.

[5] 阚咏梅，肖南，刘善安. 建筑施工现场消防安全管理手册［M］. 北
    京：中国建筑工业出版社，2012.

[6] 邹德勇，曹立纲. 电气设备安装调试工［M］. 北京：中国建筑工业
    出版社，2013.

[7] 任俊和，赵明朗. 安装钳工基础［M］. 北京：中国建筑工业出版社，
    2013.

[8] 住房和城乡建设部工程质量安全监管司. 建设工程安全生产管理
    ［M］. 北京：中国建筑工业出版社，2008.

[9] 建筑与市政工程施工现场专业人员职业标准教材编审委员会. 安全
    员岗位知识与专业技能［M］. 北京：中国建筑工业出版社，2013.